U0311372

双目视觉系统

THE BINOCULAR VISION SYSTEM

◎刘向春/著

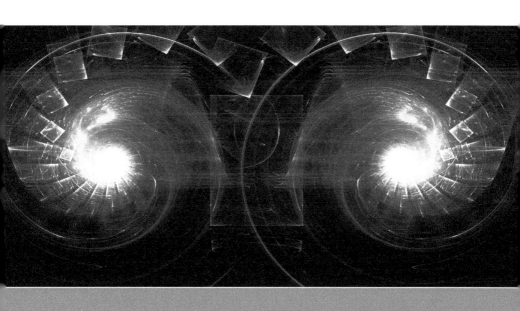

中央民族大学出版社

China Minzu University Press

图书在版编目（CIP）数据

双目视觉系统/刘向春著. —北京：中央民族大学出版社，2020.12 (2021.7 重印)

ISBN 978-7-5660-0583-0

Ⅰ.①双… Ⅱ.①刘… Ⅲ.①机器人视觉—视觉系统—高等学校—教材 Ⅳ.①TP242.6

中国版本图书馆 CIP 数据核字（2013）第 284868 号

双目视觉系统

作　　者	刘向春	
责任编辑	满福玺	
责任校对	杜星宇	
封面设计	布拉格	
出版发行	中央民族大学出版社	
	北京市海淀区中关村南大街 27 号　　邮编：100081	
	电话：68472815（发行部）　传真：68932751（发行部）	
	68932218（总编室）　　　68932447（办公室）	
经 销 者	全国各地新华书店	
印 刷 者	北京鑫宇图源印刷科技有限公司	
开　　本	787×1092　1/32　印张：5.5	
字　　数	136 千字	
版　　次	2020 年 12 月第 1 版　2021 年 7 月第 2 次印刷	
书　　号	ISBN 978-7-5660-0583-0	
定　　价	50.00 元	

序

信息技术的发展，使人们观察事物的途径发生了变化。人们获取的信息中有80%是靠视觉，因此如何借助具有强大计算能力的计算机系统设计制造仿人眼的视觉系统，从而将人从长时间繁重的工作中解脱出来，是从事机器视觉研究人员迫切需要解决的问题。

本书是中央民族大学信息工程学院媒体计算实验室实验项目研究工作基础上的总结。内容分为六章：第一章是绪论，整体上论述了双目视觉系统的基本组成部分；然后按照基本组成部分，从第二章到第五章分别论述了摄像机标定、目标检测、目标跟踪、目标匹配；第六章结合实验室开发的双目视觉系统，整体上介绍了该视觉系统所具有的基本功能。

在该书编写过程中，研究生纳鹏宇、刘洪亮、李明、刘宁宁、齐振国和杨培结合各自的研究方向，参与了部分内容的撰写、修订和完善工作，并参与了格式调整、公式校正等工作，并为该书的完成投入了大量的精力，对他们的辛勤工作表示深深的感谢！他们之中多数人目前已经完成了相应的学习任务，并顺利走上了工作岗位，部分内容也是他们研究生阶段的工作总结和相应的实验部分。同时，为了该书的编写任务，他们结合各自的研究方向，对基础理论部分进行了总结，并对实验部分进行了研究设计，在此再次感谢他们辛勤付出！

　　本书得到国家自然科学青年基金（空间目标多弧段干涉三维 ISAR 成像技术研究，项目号：61701554）和中央民族大学"一流课程"建设项目（数字信号处理，项目号：KC2066）的大力支持，这里一并表示感谢！

目　　录

第 1 章 绪论

1.1 引言

自然界 80% 的信息是靠视觉进行获取的，机器视觉即用成像系统，如各种摄像机模仿人类的视觉系统，成为计算机感知外部世界信息的重要手段，将采集到的信息进行分析、处理，然后提取重要的组成部分，将其转化成对应的知识，从而驱动控制系统，并且这些研究和实际系统目前越来越多受到人们的关注[1]。智能视频监控技术是机器视觉的重要组成部分，在无人机控制、机器人控制、安全监控、智能交通等领域具有广泛的应用。而现有的监控技术大多停留在人工辅助操作阶段，监控系统仅用来提供大量的信息采集，只是简单地将采集的信息进行数据存储，缺乏智能手段对其进行分析，在生成能够驱动控制系统的知识方面还存在不足。如何将人解放出来，让机器具有仿生人眼的能力，从而根据获取的信息对运动目标实现自动跟踪，并根据定制实现原始场景的三维重建是从事机器视觉领域的研究人员一直探求的研究方向。本章主要对双目视觉系统的组成部分进行了剖析，并对各组成部分的核心算法进行了整体论述，为后面几章内容做了铺垫。

1.2 双目视觉系统

作为面向智能视觉监控的双目视觉系统[2]，应能对监控视野中的目标实现实时检测、定位、跟踪、识别、异常行为报警等功能。双目视觉系统所包含的基本理论部分如图 1-1 所示。首先是利用摄像机进行图像的采集，然后进行摄像机标定，完成摄像机内图像和真实场景中图像的映射关系，同时辅助两个或多个摄像头之间的配准，为获得深度信息提供基础。系统标定完成后，通过运动目标检测算法，实现对感兴趣的目标（诸如人、车等）进行检测。这里面包括目标物体的特征提取等一系列过程。接着启

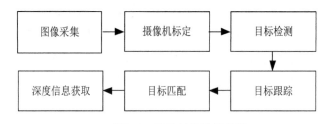

图1-1 运动目标跟踪系统
Fig.1-1 Object Tracking system

动运动跟踪算法，标记出视频不同序列帧中运动目标出现的位置。如果是自动跟踪系统，则完成多摄像头的协同跟踪。这就涉及视觉服务系统和目标匹配子系统。目标匹配需要确定不同摄像机中的目标为同一实物，需要通过查找不同摄像头中目标的特征点（如角点）个数来判定。视觉服务系统要求云台能够根据运动目标运行的轨迹实现自适应调整自身位置（包括上下俯仰的角度、左右旋转角度等）。系统同时根据同一目标在不同摄像头中的位置信息，完成深度信息的计算，实现运动目标到摄像头中心距离的测

量，并可根据需要求出追踪目标的三维信息。

双目视觉系统，要求使用简单，并在成像质量、控制精度、工作稳定性等方面都表现良好。因此，各子系统的相关算法要求具有较好的鲁棒性、准确性和实时性。

1.2.1　系统标定

系统标定，即通过相应的方法确定摄像机的畸变参数，获得摄像机的相对位置。对于视觉系统，尤其是对双目视觉系统来说，精确地确定两个摄像机的相对位置，从而构建摄像机的物理空间和图像视频空间的映射关系是关键，这也为准确获取运动目标深度信息和三维信息提供参数。根据系统摄像机的数量，可以将标定系统分为单目摄像机标定系统和双目摄像机标定系统。其公共坐标系的建立，多是采用诸如笛卡尔坐标系的世界坐标来分别估计两个摄像机在该坐标下的相对位置关系，从而得到各自摄像机坐标系到公共坐标系的关系模型。其著名的方法为棋盘标定法[3]，相对这一成熟的标定方法，也出现了其他的标定方法[4-5]，如用球面经纬坐标系[5]来标定的方法。该方法和传统方法相比，可以方便处理镜头参数的变化，同时能够辅助立体矫正，提高立体视觉效率。

1.2.2　目标检测

运动目标检测是将前景目标和背景图像分隔开来，即从视频序列图像中将变化区域从背景图像中提取出来[6-7]。由于摄像机分为运动和静止两个部分，因此存在静态检测和动态检测两个部分。常用的方法通常有三类：背景差分法、帧间差分法和光流法。背

3

景差分法通过建立背景模型，比较当前视频序列帧图像与背景图像差异来确定运动目标区域。对于摄像机处于静止状态的系统，该方法能够有效地提供完整运动区域。但该方法在背景图像发生变化时，如光照条件、背景扰动、运动目标运动过快时，算法过于敏感，同时运动目标检测的区域范围也相对较小。帧间差分法通过相邻两帧图像的差值计算，获得运动目标的形状和位置信息。该方法原理简单，实现方便。但对于运动速度较慢或者运动目标与背景图像灰度、纹理等信息差异较小的情况时，不能检测出运动目标的全部信息，准确性较低，鲁棒性较差。因为运动物体在视场中的变化，等效成物体对应像素值的不同分布，所以可以用光流法实现对运动物体的近似估计。该方法较前两种方法复杂，对计算资源要求较高，在需要实时处理方面表现不足，但在非实时目标检测方面，能够精确计算出运动目标的速度，对于动态场景下运动目标的检测可以表现出较好的特性。

1.2.3 目标跟踪

运动目标跟踪是双目视觉系统的核心部分，通过对视频序列图像进行分析，计算出运动目标的姿态、位置、速度等相关信息，实现了对检测后的运动目标的连续跟踪。信号处理中的卡尔曼滤波、粒子滤波、Condensation 算法、动态贝叶斯网络等在跟踪算法中具有较多应用，因此如何将信号处理中最新的研究成果结合跟踪目标的特性实现快速鲁棒的自适应跟踪，是提高智能跟踪系统性能的研究出发点。到目前为止，出现了各种跟踪算法，可分为：基于特征跟踪算法、基于区域跟踪算法、基于轮廓跟踪算法和基于模型匹配的跟踪算法。基于特征跟踪是通过求解图像序列帧中运动目标的特征，然后使用相似度函数确定同一目标，实现同一目标连续跟踪。常见的特征是边缘[8]，对于非刚性物体常使用 log 算法获取运动目标的边缘点，或者采用 Canny 算子获得封闭的曲线轮廓。由于基于区域的跟踪[9]忽略物体刚体和非刚体的要求，算法具有较好的鲁棒性。但是，运动目标速度过快时，算法复杂度相对较高，影响实时性。利用图像能量的差异来分析运动目标是基于轮廓跟踪算法[10]的核心思想。该算法具有计算复杂度低等优点，但算法初始化相对困难。通过对目标信息进行建模，可根据描述定义从而实现基于模型匹配的跟踪，如利用三维人体模型[11]来进行人体跟踪。

1.2.4 目标匹配

图像深度信息能够描述图像内容中的目标距离成像设备的实际位置，在很多物理场景中都有较多应用，准确的目标匹配算法是该深度信息的获取的基础，因此目标匹配算法在双目视觉系统的作用是承上启下的。图像匹配[12-13]是利用相应的算法，将不同图像中的目标进行对应的过程，特别在双目视觉系统中，不同的图像传感器在采集同一个目标时，由于位置不同，目标在传感器中成像也会有一定的差异，但都是同一空间物理点在不同视点投影图像中的像素点对应，其主要思路是利用目标的关键点实现两个图像传感器的视点对应。通常有两种方式实现匹配：一种方式是摄像机首先各自独立检测运动目标，然后通过计算各自提取目标特征的相似性测度，最终确定两个摄像头获取的目标是否为同一实物。另一种方式是摄像机采用主从方式，即两个摄像机进行分工，一个主摄像机，一个从摄像机，从摄像机跟着主摄像机进行运动，且跟随主摄像机进行目标的相关处理工作。具体过程为：
主摄像机首先启动目标检测、跟踪程序，提取相应的目标特征，
然后在从摄像机中寻找主摄像机中具有相同特征的目标物体，从
而实现主、从摄像机目标匹配。另外，根据使用的约束信息不同，
目标匹配方法也可分为局部匹配算法和全局匹配算法。局部匹配
算法所采用参考像素信息不多，主要利用对应点及其邻近信息实
现匹配，算法比较简单，复杂度相对较低，匹配效率一般都较高。
但当目标出现遮挡时，或者目标纹理不够复杂，比较单一的情景
出现时，算法的匹配精度较为敏感，精度下降严重。与之相比，
全局算法采用信息较多，能有效解决目标遮挡敏感问题，但算法
复杂度较前者要高。因此，如何将局部信息和全局信息进行有效
的结合，构建自适应的设计局部和全局信息结合的算法，并利用
较好的相似度测度函数进行目标中相关特征的匹配是目标匹配中
较为重要的内容。

1.2.5 深度信息

深度信息[14]是视觉系统中用到的一种非常有用的信息，一般
是通过计算运动目标对应点在两个摄像机中的视差进行获取，通
常采用三角测量法获得稠密的深度点云（point cloud），对点云进
行插值和网格化就可以得到物体的三维模型。具体方法可分为主
动测量法和被动测量法。主动测量需要特殊的光源提供结构信息，
如红外、雷达、全息干涉测量等。具有测量精度高、实时性好和
抗干扰能力强等特点，但需加装额外的设备。工业中使用较多的
为被动测量，即双目视觉的方法。深度信息计算复杂度和两摄像
机的位置关系有关，分为平行式和汇聚式。汇聚式较平行式复杂，

而平行式由于构成的三角形较为简单，使用较多，如图 1-2 所示。

O_LO_R 为两摄像机的光学中心的连线，称为基线，基线平行于两个摄像机的 x 轴。假设空间中有一目标点 T，在左右图像平面上的点为 t 和 t'，两点之间的坐标差为视差 $d = x - x'$，设摄像机焦距为 f，则目标 T 的深度信息 Z 为：$Z = f \dfrac{O_R - O_L}{d}$。

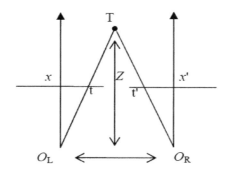

图1-2　平行式双目视觉信息深度信息获取

Fig.1-2　Depth Information Measurement

based on Parallel Binocular system

1.3　本书章节安排

本书主要就双目系统中的几个关键点逐一展开，共分为六章，各章内容安排如下：

第一章绪论主要介绍了基本概念，同时对本书的基本研究内容做了概述。

第二章介绍了摄像机标定的基本方法，并对常用的摄像机标定方法做了概述。

第三章对目标检测算法进行了研究。目标检测是视觉追踪系统的关键步骤，检测性能为后续跟踪、匹配等提供了基础。

第四章结合现在流行的算法，对目标跟踪的算法进行了研究。

第五章对目前主要的图像匹配算法的分类、基本算法的原理等进行了研究。

第六章结合开发的系统，对各部分的算法进行了阐述，并给出了该系统的部分实验结果。

参考文献

[1] JIN S, CHO J, DAI PHAM X, et al. FPGA design and implementation of a real-time stereo vision system[J]. IEEE Trans on Circuits and Systems for Video Technology, 2010, 20(1): 15-26.

[2] ROGISTER P, BENOSMAN R, IENG S H, et al. Asynchronous event-based binocular stereo matching[J]. IEEE Trans on Neural Networks and Learning Systems,2012, 23(2): 347-353.

[3] ZHANG Z. A flexible new technique for camera calibration[J]. IEEE Trans on Pattern Analysis and Machine Intelligence, 2000, 22(11): 1330-1334.

[4] ZHANG X, ZHANG Y, YANG T, et al. Calibrate a Moving Camera on a Linear Translating Stage Using Virtual Plane + Parallax[C]. //Proceedings of the third Sino-foreign-interchange conference on Intelligent Science and Intelligent Data

Engineering. Berlin, Springer, 2012.

[5] 万定锐，周杰.双 PTZ 摄像机系统的标定[J]. 中国图像图形学报，2008，13（4）：786-793.

[6] 甘明刚，陈杰，刘劲，等.一种基于三帧差分和边缘信息的运动目标检测方法[J].电子与信息学报，2010，32（4）：894-897.

[7] ESS A, SCHINDLER K, LEIBE B, et al. Object detection and tracking for autonomous navigation in dynamic environments[J]. The International Journal of Robotics Research, 2010, 29(14): 1707-1725.

[8] COLLINS R T, YANXI L, LEORDEANU M. Online selection of discrimi- native tracking features[J]. IEEE Transactions on Pattern Analysis and Machine Intelligence, 2005,27(10): 1631-1643.

[9] TYNG-LUH L, HWANN-TZONG C. Real-time tracking using trust-region methods[J]. IEEE Transactions on Pattern Analysis and Machine Intelligence,2004,26(3):397-402.

[10] AXEL TECHMER. Contour-based motion estimation and object tracking for real-time applications[J]. ICIP,2001,3:648-653.

[11] WACHTER S, NAGEL H H. Tracking persons in monocular image sequences[J]. Computer Vision and Image Understanding, 1999, 74(3): 174-192.

[12] 傅卫平，秦川，刘佳，等. 基于 SIFT 算法的图像目标匹配与定位[J]. 仪器仪表学报，2011，32（001）：163-169.

[13] 伍春洪，杨扬，游福成.一种基于 Integral Imaging 和多基线立体匹配算法的深度测量方法[J]. 电子学报，2006，34（6）：

1089-1095.

[14] 李瑞峰，李庆喜.机器人双目视觉系统的标定与定位算法[J]. 哈尔滨工业大学学报，2007，39（11）：1719-1723.

[15] YANG T W, ZHU K, RUAN Q Q, et al. Moving target tracking and measurement with a binocular vision system[J]. International Journal of Computer Applications in Technology, 2010, 39(1): 145-152.

第 2 章　摄像机标定

2.1　引言

摄像机是将物理世界中的物映射到对应的数字系统中，通过计算数字系统中物的位置来对物理世界中物的位置进行判断和分析。因此，根据影像图片建模需要构建物理世界和数字世界中对应的位置映射系统，从而通过数字世界中的准确计算，反映出物理世界的位置关系。这种映射关系的求解，在计算视觉中就称为摄像机的标定。标定中的摄像机相应参数的精确度求解受映射模型的影响，好的映射模型能够准确构建数字系统和物理系统之间的位置对应关系，使后续对物理世界中物理位置关系的预测更加准确，从而能够更好地完成视觉系统中的各种后续操作，如目标跟踪、目标定位等。图像匹配也和标定的精度有很紧密的关系，在三维重建过程中，相关深度模型的建立能否和现实中的物理系统准确对应，一定程度上和标定过程中的精确度有很强的关联性。因此，摄像机标定工作是后续工作的基础，随着研究的深入，各种不同的标定方法也会相继出现，本章重点探讨摄像机标定的基本方法和基本原理。

2.2 基本坐标系及相机成像模型

2.2.1 参考坐标系

坐标系的建立，能够较为清楚地构建物理世界的物和数字系统之间的对应关系，在视觉系统中具有重要的地位。坐标系类型较多，这里简单介绍几种[1]，图 2-1 所示是一种参考坐标系。

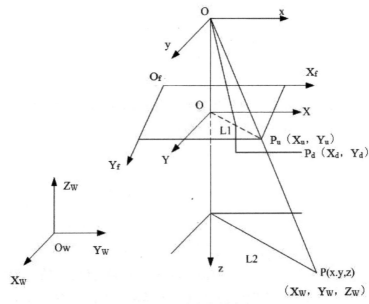

图 2-1 参考坐标系

Fig.2-1   Reference Coordinate system

如图 2-1 所示，通过该方法可以构建物理世界和数字世界的对应关系，假设摄像机中存在一个目标点，这个目标点在图像平面上有一个三维投影，其像素的坐标系为（O_f-$X_f Y_f$），坐标原点位于图像左上角，平行于图像平面水平方向的轴用 X_f 轴表示，其方向向右，垂直于该轴的轴用 Y_f 轴表示。坐标用（u，v）来表示，分别对应数字图像中该像素在数组中的列数和行数。

　　和物理坐标系对应的柱子图像坐标系用（O - XY）表示。数字世界中的目标用像素的组合来描述，一个像素具有三个属性，像素值和位置的横纵坐标。像素值代表亮度信息，位置代表目标在数字系统中的位置关系。这和实际的位置关系存在差异，需要研究相应的模型，构建模拟系统和数字系统之间的对应关系。在物理世界中，目标是有实际位置关系的。只有通过实际物理位置关系，构建实际位置关系的坐标系，才能实现实际物理位置的目标检测，且相应的坐标平面还具有对应的物理单位。一般在物理坐标系中，存在坐标原点和横、纵坐标，图像平面的中心即为坐标原点，平行于图像像素坐标系的 X_f 与 Y_f 轴用横轴和纵轴 X 与 Y 轴来描述，用 (x,y) 来表示坐标。

　　另一个坐标系称为世界坐标系，通常用（O_w - $X_w Y_w Z_w$）表示。有时也称为全局坐标系，或者称为现实世界坐标系，描述的是场景中目标点的绝对坐标，反映的是客观世界的绝对坐标。这样就可以表示空间中观测目标的位置关系，通常用（X_w，Y_w，Z_w）来表示。

　　还有一个坐标系就是摄像机坐标系，通常用（o - xyz）表示，即描述了摄像机在实际的物理空间的位置情况。摄像机的光心对应坐标系原点，平行于图像坐标系的 X、Y 轴分别是其横、纵轴即 x、y 轴，相机的光轴为 z 轴，右手法则能够有效对应该坐标系。光轴与成像平面的交点是图像主点。以观察者为中心，通过建立摄像机坐标系，最后用 (X_c,Y_c,Z_c) 用来表示场景点。

坐标系的含义可以明确告知，图像空间和物理坐标系之间的位置关系映射模型的建立相对重要。通过搭建相应坐标位置关系，实现固定目标的检测、跟踪、匹配等操作。可见，确立世界坐标系、摄像机坐标系和图像像素坐标系，对计算机的标定非常重要，这是首要解决的问题。

2.2.2 相机成像模型

相机的一个近似的线性模型是针孔模型，该模型相对简单，因为其只考虑单个薄棱镜相机的情况[2]。首先确定场景中的目标点，然后通过摄像机成像，在平面上找到与之对应的理想像点。这种情况下，通常都假设相机不存在畸变，但刚体变换和投影变换是存在的。因此，可以借助小孔成像来模拟透镜成像。这样就可以使用内外参数矩阵来表示相应参数，从而刻画针孔模型。

具体过程描述如下：首先，假设图像平面上的一点是像点 p，(u, v) 表示其在图像像素坐标系中的坐标，(x, y) 表示图像物理坐标系中的坐标，(u_0, v_0) 表示光心的图像坐标。其次，(X_c, Y_c, Z_c) 表示假设空间一物点 **P** 在摄像机坐标系中的坐标，对应的，(X_w, Y_w, Z_w) 表示在世界坐标系中的坐标。如果不考虑相机畸变，即在理想情况下，针对图像中任意一个像素点，通过构建映射模型，则图像物理坐标系和在图像像素坐标系之间的变换关系为：

$$\begin{aligned} u &= \frac{x}{\mathrm{d}x} + u_0 \\ v &= \frac{y}{\mathrm{d}y} + v_0 \end{aligned}$$

（2-1）

将上式进行变形，构建齐次坐标，基于矩阵形式表达则为：

$$
\begin{bmatrix} u \\ v \\ 1 \end{bmatrix} = \begin{bmatrix} 1/\mathrm{d}x & 0 & u_0 \\ 0 & 1/\mathrm{d}y & v_0 \\ 0 & 0 & 1 \end{bmatrix} \begin{bmatrix} x \\ y \\ 1 \end{bmatrix} \tag{2-2}
$$

为了描述三维环境中的物体和相机间的位置关系，需要构建基准坐标系，这个基准坐标系通常选择世界坐标系。一般用三维平移向量 T 和正交单位旋转矩阵 R 来描述世界坐标系和摄像机坐标系之间的关系。所以，假设空间中存在一观测点 P，$(X_c, Y_c, Z_c, 1)$ 为摄像机坐标系下的齐次坐标，$(X_w, Y_w, Z_w, 1)$ 为世界坐标系下的齐次坐标，两者之间存在如下关系：

$$
\begin{bmatrix} X_c \\ Y_c \\ Z_c \end{bmatrix} = R \begin{bmatrix} X_w \\ Y_w \\ Z_w \end{bmatrix} + T \tag{2-3}
$$

其中，T 为 3×1 平移矢量，R 是 3×3 正交单位旋转矩阵，即：

$$
T = \begin{bmatrix} t_x & t_y & t_z \end{bmatrix}^{\mathrm{T}}, \quad R = \begin{bmatrix} r_{11} & r_{12} & r_{13} \\ r_{21} & r_{22} & r_{23} \\ r_{31} & r_{32} & r_{33} \end{bmatrix}
$$

T 中有三个参数，代表 3 个平移矢量。R 中有九个参数，代表 9 个方向矢量，事实上方向矢量中的独立参数只有 3 个，6 个正交约束方程控制了 12 个参数[3]：

$$
\begin{cases}
r_{11}^{2} + r_{21}^{2} + r_{31}^{2} = 1 \\
r_{12}^{2} + r_{22}^{2} + r_{32}^{2} = 1 \\
r_{13}^{2} + r_{23}^{2} + r_{33}^{2} = 1 \\
r_{11}r_{12} + r_{21}r_{22} + r_{31}r_{32} = 0 \\
r_{11}r_{13} + r_{21}r_{23} + r_{31}r_{33} = 0 \\
r_{12}r_{13} + r_{22}r_{23} + r_{32}r_{33} = 0
\end{cases} \tag{2-4}
$$

空间中的一个物理观测点假设为 **P**，通过针孔模型透视模型，可计算出成像平面上的物理坐标：

$$x = f\frac{X_c}{Z_c}, y = f\frac{Y_c}{Z_c} \qquad (2\text{-}5)$$

由式（2-2）、式（2-3）和式（2-5）得：

$$Z_c \begin{bmatrix} u \\ v \\ 1 \end{bmatrix} = \begin{bmatrix} f/\mathrm{d}x & s & u_0 \\ 0 & f/\mathrm{d}y & v_0 \\ 0 & 0 & 1 \end{bmatrix} \begin{bmatrix} \boldsymbol{R} & \boldsymbol{T} \end{bmatrix} \begin{bmatrix} X_w \\ Y_w \\ Z_w \\ 1 \end{bmatrix}$$

$$= \begin{bmatrix} k_u & s & u_0 \\ 0 & k_v & v_0 \\ 0 & 0 & 1 \end{bmatrix} \begin{bmatrix} \boldsymbol{R} & \boldsymbol{T} \end{bmatrix} \begin{bmatrix} X_w \\ Y_w \\ Z_w \\ 1 \end{bmatrix}$$

$$= \boldsymbol{K} \begin{bmatrix} \boldsymbol{R} & \boldsymbol{T} \end{bmatrix} \begin{bmatrix} X_w \\ Y_w \\ Z_w \\ 1 \end{bmatrix} = \boldsymbol{P} \begin{bmatrix} X_w \\ Y_w \\ Z_w \\ 1 \end{bmatrix} \qquad (2\text{-}6)$$

这里存在几个参数，他们的含义分别为：扭转因子 s；投影矩阵 $\boldsymbol{P}$；其中，$k_u = f/\mathrm{d}x$，$k_v = f/\mathrm{d}y$；相机内参数矩阵 $\boldsymbol{K}$ 与相机内部结构具有较强的关系，其数值由 k_u，k_v，s，u_0，v_0 决定；相机的外参数矩阵是 $\begin{bmatrix} \boldsymbol{R} & \boldsymbol{T} \end{bmatrix}$，由摄像机相对世界坐标系的方位来确定。

2.3　畸变模型

　　以上的分析都是在理想情况下,即相机不存在畸变的情况下。以针孔模型为基础,实现逼近实际相机的过程。该模型相对简单,与实际相机模型具有较大不同,计算出来的数值精度不高。实际情况下,模型要更为复杂,相应参数的影响,使得相机模型呈现非线性的状态,而不是理想下的线性。

　　针对相机参数的非线性,实际是由各种不同畸变造成的,这里的畸变有径向畸变[4]、离心畸变[5]、薄棱镜畸变[6]三种类型。像点产生径向位置偏差的畸变称之为径向畸变,而后两者畸变,即离心畸变和薄棱镜畸变的同时出现,是指像点同时产生在切向位置的偏差和径向位置的偏差。

2.3.1　径向畸变

　　镜头形状缺陷将会造成径向畸变,径向畸变具有关于镜头主光轴对称的特点。又可分为正、负向两种畸变,前者形成形状像枕头,故又称为枕形畸变,后者形状像桶,因此又叫桶形畸变。图 2-2 所示即为正、负向两种畸变,也即枕形畸变和桶形畸变。

图 2-2　（a）枕性畸变；（b）无畸变；（c）桶形畸变

Fig.2-2　（a）Pincushion-shaped distortion；（b）Non-distortion；

（c）Barrel-shaped distortion

径向畸变可用如下数学模型进行描述：

$$\Delta_r = k_1 r^3 + k_2 r^5 + k_3 r^7 + \cdots \qquad (2-7)$$

上式中，r 为像点到图像中心的距离，$r = \sqrt{u_d{}^2 + v_d{}^2}$；$k_1, k_2, k_3 \cdots$ 为径向畸变系数。

这里可用使得 $u_d = r\sin\alpha$，$v_d = r\cos\alpha$，则上式变为：

$$\begin{cases} \Delta_{ur} = u_d(k_1 r^2 + k_2 r^4 + k_3 r^6 + \cdots) \\ \Delta_{vr} = v_d(k_1 r^2 + k_2 r^4 + k_3 r^6 + \cdots) \end{cases} \qquad (2-8)$$

2.3.2 离心畸变

还有另外一种畸变叫着离心畸变，是由相机镜头的物理特性决定的。因为相机生产过程中，制造工艺的原因使得光学中心和几何中心不能够完全一致，即镜头各器件的光学中心不能严格共线，从而引起畸变，即离心畸变，这种畸变无法完全避免，实际制作过程中肯定存在的。离心畸变中存在径向畸变，也存在切向畸变。其直角坐标形式为：

$$\begin{cases} \Delta_{ud} = 2p_1 u_d v_d + p_2(u_d{}^2 + 3v_d{}^2) + \cdots \\ \Delta_{vd} = p_1(3u_d{}^2 + v_d{}^2) + 2p_2 u_d v_d + \cdots \end{cases} \qquad (2-9)$$

上式中，切向畸变系数为 p_1，p_2。

2.3.3 薄棱镜畸变

除了离心畸变，还有在镜头设计过程中存在的缺陷，以及由加工安装导致的误差，从而引起薄棱镜畸变。当摄像机镜头与摄像机成像平面之间不是严格水平，而存在一个很小的倾角，就使得整个光学系统中相当于附加了一个薄棱镜，产生了径向畸变和切向位置偏差，相应的直角坐标形式为：

$$\begin{cases} \Delta_{up} = s_1(u_d{}^2 + v_d{}^2) + \cdots \\ \Delta_{vp} = s_2(u_d{}^2 + v_d{}^2) + \cdots \end{cases} \qquad (2\text{-}10)$$

上式中，薄棱镜畸变系数为 s_1，s_2。

偏差由物理机械原因造成，不可避免，实际中只能通过补偿的方式校正。假设 (u_d, v_d) 为实际像点的坐标，当无畸变时，即理想状况下图像像点的坐标为 (u_u, v_u)，从而这两者间的关系为：

$$\begin{cases} u_u = u_d + \Delta_{ur} + \Delta_{ud} + \Delta_{up} \\ v_u = v_d + \Delta_{vr} + \Delta_{vd} + \Delta_{vp} \end{cases} \qquad (2\text{-}11)$$

除了这些畸变，由于工艺水平有限，制造技术依然会造成很多其他的畸变，但随着制造工艺水平不断提高，相应的光学系统在设计、加工和安装过程中对应的精度均不断提高，畸变带来的误差就不断减小，从而对测量过程中的影响也在下降。但为提高了计算精度，同时模型不能过于复杂，实际中，只能考虑部分非线性畸变[7]，即径向畸变和切向畸变，也即畸变的前两阶畸变系数，以提高结果的准确性，这样可以使得模型相对简单。在特殊情况下，通过校正径向畸变的参数，系统能够满足非线性参数的描述[1]。

2.4 相机标定算法

随着相机标定工作的深入，各种标定方法出现，使得标定技术的研究成为重要的研究内容。标定方法通常分为，基于传统方式的标定方法、主动视觉标定方法和自标定方法。结合基本原理，这里对各种基本标定方法进行介绍。

第一，摄像机的传统标定方法。

传统标定方法是一种强标定方法，较为复杂，需要构建标定模板，从而构建图像像点与标定参照物上三维坐标点之间的对应关系，摄像机的内外参数也可以由此模型进行计算。虽然该方法复杂，灵活度不高，但精度较高，同时可以针对各种不同的摄像机进行应用，因此普适性较好。该类方法具有多种，但一般以 DLT（Direct Linear Transformation）[5-6]，RAC（Radial Alignment Constraint）[7-8]，平面标定法[9]和圆标定方法[10]等为经典标定方法。

第二，摄像机自标定方法。

自标定方法[11-12]是一种弱标定方法，和强标定方法对应，出现在 20 世纪的 90 年代。自标定的概念由 Faugrate[11]，Luong 和 Maybank[12]等人首先提出。这种标定方法和其他方法相比，表现性能较弱，是一种非线性的标定方法，且标定的精度不高，鲁棒性不强，但和强标定方法相比，该方法能够通过多幅图像建立对应点与图像之间的关系，同时该方法不需要标定参照物因而相对简单。摄像机的参数也可以通过摄像机内参和自身存在的约束关系求解。这类方法较多，较为有名的通常有基于 Kruppa 方程的自标定法[13]、基于绝对二次曲面和无穷远平面的自标定方法[14]等。

第三，主动视觉标定法。

同样不需要标定参考物的方法还有主动视觉标定方法[15-17]，这种方法仅利用图像对应点之间的关系进行求解，不过在摄像机进行一些特殊运动的过程中才能进行线性求解，比如围绕光心旋转或者纯粹地平移。这种方法试验设备昂贵，系统的成本也相对较高，在相机运动未知或者无法控制的场合，由于其求解方法受限，而不适用，限制了其广泛的应用，这也是该方法的缺点。这类方法也有很多有名的方法，比较有名的是三正交运动法[16]，基于平面单应性矩阵的正交运动方法和基于外极点的正交运动方法[17]等。

结合每种方法的特点，这里给出一定的原理介绍。

2.4.1 平面模板两步法的原理

著名华人学者张正友先生在 1998 年提出了一个新的求解摄像机内外参数的方法，专门针对径向畸变问题，这种方法通常称为张氏标定法，通过不同的方法将摄像机进行标定板拍摄，构建像平面上的像点和标定板中特征点之间的对应关系，这种方法介于传统标定方法和自标定方法之间，实际标定的过程是由每一幅图像的单应性矩阵来进行摄像机的标定。由于制作的模板相对简单，成本非常低，使用起来非常方便。但标定的准确率相对较高，且鲁棒性好，在摄像机标定中使用较为广泛，应用较多[18]。张氏标定法属于两步法[19]，即不需要对运动参数进行计算，只需要将摄像机和模板进行自由移动即可。

这种标定方法通常采用四阶径向畸变模型来确定镜头的畸变系数，一般含有 5 个参数，如式 2-12 所示：

$$\boldsymbol{M} = \begin{bmatrix} k_x & k_s & u_0 \\ 0 & k_y & v_0 \\ 0 & 0 & 1 \end{bmatrix} \qquad (2\text{-}12)$$

首先要不考虑畸变，标定相机的 5 个线性参数，这样就可以得到有关线性参数的初始值。然后通过这些线性参数初始值来标定这些非线性参数（即畸变参数）。线性参数的初始值缺乏畸变的考虑从而导致精度较低。同时，由于通过缺乏畸变考虑的线性参数来计算非线性参数，从而导致这些非线性参数的精度不高。为了解决这个问题，需要根据标定出的非线性参数重新计算线性参数，再用新的线性参数求解新的非线性参数。反复多次，直到所得出的参数值收敛为止。

1．单应性矩阵的计算

假设 (x_{wi}, y_{wi}, z_{wi}) 为平面标定靶上各个特征点的坐标，(u_i, v_i) 为图像坐标，(x_{ci}, y_{ci}, z_{ci}) 为成像平面上的坐标，由式（2-6）得：

$$s\begin{bmatrix} u_i \\ v_i \\ 1 \end{bmatrix} = M[\boldsymbol{n} \ \boldsymbol{o} \ \boldsymbol{a} \ \boldsymbol{p}]\begin{bmatrix} x_{wi} \\ y_{wi} \\ 0 \\ 1 \end{bmatrix} = M[\boldsymbol{n} \ \boldsymbol{o} \ \boldsymbol{p}]\begin{bmatrix} x_{wi} \\ y_{wi} \\ 1 \end{bmatrix} \tag{2-13}$$

M 为相机的内参数矩阵，s 为深度系数。

将上式进一步改写，可得如下式子：

$$s\boldsymbol{I}_i = \boldsymbol{H}\boldsymbol{P}_i \tag{2-14}$$

点 p_i 的靶坐标系的坐标为 $\boldsymbol{P}_i$，其值为 $\boldsymbol{P}_i = \begin{bmatrix} x_{wi} & y_{wi} & z_{wi} \end{bmatrix}^{\mathrm{T}}$；点 p_i 的图像坐标为 $\boldsymbol{I}_i$，其值为 $\boldsymbol{I}_i = [u_i, v_i, 1]^{\mathrm{T}}$；世界坐标系到图像空间的矩阵为 $\boldsymbol{H}$，其值为 $\boldsymbol{H} = M[\boldsymbol{n} \ \boldsymbol{o} \ \boldsymbol{p}] = \begin{bmatrix} \boldsymbol{h}_1 & \boldsymbol{h}_2 & \boldsymbol{h}_3 \end{bmatrix}$。

$\boldsymbol{I}_i$ 和 $\boldsymbol{P}_i$ 满足上式的条件是各种情况都理想。但由于实际工程环境下存在相应的噪声，且噪声会影响到对应的参数，上式几乎不再成立。通常情况下，都可以认为所遭受的噪声为高斯噪声，且均值为零，其方差矩阵为 Λ_{Ii}，这样就可以通过最大似然估计计算出单应性矩阵 H：

$$F = \sum_{i}(I_i - \boldsymbol{I}_i)\Lambda_{Ii}(I_i - \boldsymbol{I}_i) \qquad （2-15）$$

上式中，$\boldsymbol{I}_i = \dfrac{1}{\overline{\boldsymbol{h}_3}^{\mathrm{T}}\boldsymbol{P}_i}\begin{bmatrix}\overline{\boldsymbol{h}_1}^{\mathrm{T}}\boldsymbol{P}_i \\ \overline{\boldsymbol{h}_2}^{\mathrm{T}}\boldsymbol{P}_i\end{bmatrix}$，$H$ 的第 i 行为 $\overline{\boldsymbol{h}_i}^{\mathrm{T}}$。

H 的最大似然估计可以通过对 F 最小化获得。

在实际计算过程中，可以采用上述同样方式计算特征点，假设方差矩阵 $\Lambda_{Ii} = \sigma^2\boldsymbol{I}$，$\boldsymbol{I}$ 为单位矩阵，经过相应的变形可以得到如下形式：

$$F^{'} = \sum_{i}\left\|\boldsymbol{I}_i - \boldsymbol{I}_i\right\|^2 \qquad （2-16）$$

将上式进行化简求解可以利用 Levenberg-Marquardt 算法，先对 H 的初始值进行求解，然后最小化 $F^{'}$。上式经过展开后，将深度系数 s 消去，最后得到：

$$\begin{bmatrix} \boldsymbol{P}_i^{T} & \boldsymbol{0}^{\mathrm{T}} & -u_i\boldsymbol{P}_i^{T} \\ \boldsymbol{0}^{\mathrm{T}} & \boldsymbol{P}_i^{T} & -v_i\boldsymbol{P}_i^{T} \end{bmatrix}\begin{bmatrix} \overline{\boldsymbol{h}_1}^{\mathrm{T}} \\ \overline{\boldsymbol{h}_2}^{\mathrm{T}} \\ \overline{\boldsymbol{h}_3}^{\mathrm{T}} \end{bmatrix} = 0 \qquad （2-17）$$

当特征点较多时，假如有 n 个特征点，可以构建上式方式进行求解，从而得到：

$$A\overline{\boldsymbol{H}} = 0 \qquad （2-18）$$

其中，A 是 $2n \times 9$ 的矩阵，$\overline{H} = \begin{bmatrix} \overline{h_1}^{\mathrm{T}} & \overline{h_2}^{\mathrm{T}} & \overline{h_3}^{\mathrm{T}} \end{bmatrix}$。

A 的最小特征值对应的特征向量为 $\overline{H}$，通过 $\overline{H}$ 可以计算得到世界坐标系到图像空间的矩阵 H，作为 Levenberg-Marquardt 算法求解 H 的初始值。Faugeras 线性摄像机标定方法中对投影矩阵的求取即对世界坐标系到图像空间的矩阵 H 矩阵初始值的求解。

2．相机内参数的求取

由于 n 和 o 是单位向量，单位向量是正交的，所以可以得到如下约束条件：

$$\begin{cases} h_1^{\mathrm{T}} M^{\mathrm{-T}} M^{\mathrm{-1}} h_2 = 0 \\ h_1^{\mathrm{T}} M^{\mathrm{-T}} M^{\mathrm{-1}} h_1 = h_2^{\mathrm{T}} M^{\mathrm{-T}} M^{\mathrm{-1}} h_2 \end{cases} \tag{2-19}$$

上式是求出一个单应性矩阵后得到的有关相机参数的两个约束条件。利用该参数约束可求解内、外参数且当线性求解时，令：

$$B = M^{\mathrm{-T}} M^{\mathrm{-1}} = \begin{bmatrix} B_{11} & B_{12} & B_{13} \\ B_{21} & B_{22} & B_{23} \\ B_{31} & B_{32} & B_{33} \end{bmatrix} \tag{2-20}$$

可以定义矩阵 B 为一个六维向量，且该矩阵是一个对称矩阵：

$$b = \begin{bmatrix} B_{11} & B_{12} & B_{22} & B_{13} & B_{23} & B_{33} \end{bmatrix}^{\mathrm{T}} \tag{2-21}$$

$$h_i^{\mathrm{T}} B h_j = v_{ij}^{\mathrm{T}} b \tag{2-22}$$

上式中 $v_{ij} = \begin{bmatrix} h_{i1}h_{j1} & h_{i1}h_{j2} + h_{i2}h_{j1} & h_{i2}h_{j2} & h_{i1}h_{j3} + h_{i3}h_{j1} & h_{i3}h_{j1} + \end{bmatrix}$

$h_{i3}h_{j3}$　$h_{i3}h_{j3}$]。这样一个给定单应性矩阵所确定的两个相机内参数的基本约束可以表示为：

$$\begin{bmatrix} \boldsymbol{v}_{12}^{\mathrm{T}} \\ \left(\boldsymbol{v}_{11}+\boldsymbol{v}_{22}\right)^{\mathrm{T}} \end{bmatrix} \boldsymbol{b} = 0 \qquad (2\text{-}23)$$

在对相机进行标定的过程中，通常会采用多幅图像，这里假设有 n 幅平面模板的图像，就可以得到 n 组如上式的方程，这样就可以写成如下矩阵的形式：

$$\boldsymbol{V}\boldsymbol{b} = 0 \qquad (2\text{-}24)$$

上式中，$\boldsymbol{V}$ 是 $2n \times 6$ 的矩阵。

如果采集的图像数量较多，假设 $n \geq 3$ 时，$\boldsymbol{V}$ 的最小特征值对应的特征向量即为 $\boldsymbol{b}$，然后根据 $\boldsymbol{b}$ 和 $\boldsymbol{B}$ 的定义导出相机的内参数：

$$\begin{cases} v_0 = (B_{12}B_{13} - B_{11}B_{23}) / (B_{11}B_{22} - B_{12}^{\,2}) \\ k_x = \sqrt{c / B_{11}} \\ k_y = \sqrt{cB_{11} / (B_{11}B_{22} - B_{12}^{\,2})} \\ k_s = -B_{12}k_x^2 k_y / c \\ u_0 = k_s v_0 / k_y - B_{13}k_x^2 / c \end{cases} \qquad (2\text{-}25)$$

式（2-25）中，$c = B_{33} - \left[B_{13}^2 + v_0\left(B_{12}B_{13} - B_{11}B_{23}\right)\right] / B_{11}^2$。

3．相机外参数的求取

通过求解出的摄像机的内参数，这样就可以得到单应性矩阵 $\boldsymbol{H} = \lambda \boldsymbol{M}[\boldsymbol{n}\ \ \boldsymbol{o}\ \ \boldsymbol{p}] = [\boldsymbol{h}_1\ \ \boldsymbol{h}_2\ \ \boldsymbol{h}_3]$，其中 λ 是一个常数因子，可以进一步得出：

$$\begin{cases} \lambda = 1/\left\| \boldsymbol{M}^{-1}\boldsymbol{h}_1 \right\| = 1/\left\| \boldsymbol{M}^{-1}\boldsymbol{h}_2 \right\| \\ \boldsymbol{n} = \lambda \boldsymbol{M}^{-1}\boldsymbol{h}_1 \\ \boldsymbol{o} = \lambda \boldsymbol{M}^{-1}\boldsymbol{h}_2 \\ \boldsymbol{a} = \boldsymbol{n} \times \boldsymbol{o} \\ \boldsymbol{p} = \lambda \boldsymbol{M}^{-1}\boldsymbol{h}_3 \end{cases} \quad (2\text{-}26)$$

4．畸变系数的求取

通常采用四阶径向畸变模型来求解摄像机镜头的畸变系数，这里假设相机坐标系的横、纵轴的畸变系数是相同的，这样就可以通过计算得到如下式子：

$$\begin{cases} x = x' + x'\left[k_1\left(x'^2 + y'^2 + k_2\left(x'^2 + y'^2 \right)^2 \right) \right] \\ y = y' + y'\left[k_1\left(x'^2 + y'^2 + k_2\left(x'^2 + y'^2 \right)^2 \right) \right] \end{cases} \quad (2\text{-}27)$$

上式中，(x,y) 为在归一化成像平面上的实际坐标，(x',y') 为成像点在归一化成像平面上无畸变的理想坐标，其余为二阶和四阶径向畸变系数。

借助相机内部参数模型可得到如下式子：

$$\begin{cases} u = u_0 + k_x x + k_s y \\ v = v_0 + k_y y \end{cases} \quad (2\text{-}28)$$

通过整合上面两个式子，可得如下方程：

$$\begin{cases} u = u' + (u' - u_0)\left[k_1\left(x'^2 + y'^2 + k_2\left(x'^2 + y'^2 \right)^2 \right) \right] \\ v = v' + (v' - v_0)\left[k_1\left(x'^2 + y'^2 + k_2\left(x'^2 + y'^2 \right)^2 \right) \right] \end{cases} \quad (2\text{-}29)$$

将上式进一步整理，可得出相应的矩阵形式：

$$\begin{bmatrix} (u'-u_0)(x'^2+y'^2) & (u'-u_0)(x'^2+y'^2)^2 \\ (v'-v_0)(x'^2+y'^2) & (v'-v_0)(x'^2+y'^2)^2 \end{bmatrix} \begin{bmatrix} k_1 \\ k_2 \end{bmatrix} = \begin{bmatrix} u-u' \\ v-v' \end{bmatrix} \quad (2\text{-}30)$$

这里，实际图像坐标为 (u,v)，无畸变的理想图像坐标为 (u',v')，主点的图像坐标为 (u_0,v_0)。

根据相机的内、外参数，通过上式，无畸变的理想图像坐标 (u',v') 就可被求得；(x',y') 为成像点在成像平面上的无畸变的理想图像坐标，这些参数通过外参数可求得。对于 n 个图像取 m 个特征点，可以构成 $m \times n$ 个方程组。再利用最小二乘法求出畸变系数 k_1 和 k_2。

各种畸变参数得到以后，就可以计算实际图像和图像坐标，这种关系描述如下式：

$$F'' = \sum_{i=1}^{n} \sum_{j=1}^{m} \left\| \mathbf{I}_{ij} - \hat{\mathbf{I}}_{ij} \left(\mathbf{M}, k_1, k_2, \mathbf{R}_i, \mathbf{p}_i, \mathbf{p}_j \right) \right\|^2 \quad (2\text{-}31)$$

上式求解后，就可以用来找到其最小值，这样就能进一步优化相机的相关参数，通过多次迭代，待求解过程收敛后，就停止计算，从而得到最终的解。

张正友的方法是用特征点，这些特征点位于平面靶标上，一般这些特征点的空间位置未知，但在其他情况下相当于空间位置可知，比如相差一个比例，也就是说，当乘上一个比例因子后，或者比例系数后，实际空间位置上的值也通过这种方法求得。图像采集的数量对计算结果也有一定影响，一般选取 5~7 幅图像计算得到的标定效果就相对较好。

张正友的平面标定方法是介于传统标定方法和自标定方法之间的一种方法，它既避免了传统方法设备要求高、操作烦琐等缺点，又比自标定方法精度高，符合办公、家庭使用的桌面视觉系统（DVS）的标定要求。张的方法的缺点是需要确定模板上点阵的物理坐标以及图像和模板之间的点的匹配，这给不熟悉计算机视觉的使用者带来了不便。

2.4.2 DLT 法的原理

摄像机标定包括两部分内容：相机成像模型的建立，相机参数的求解。在建立成像模型时，必须考虑两类参数：前面提到的相机内部参数和外部参数。内部参数描述了成像光束的形状，外部参数描述了相机的空间位置姿态。

Hall[22]的标定方法基于如下透视投影矩阵：

$$
\begin{cases}
{}^{I}Y_u = \dfrac{A_{21}\,{}^{W}X_w + A_{22}\,{}^{W}Y_w + A_{23}\,{}^{W}Z_w + A_{24}}{A_{31}\,{}^{W}X_w + A_{32}\,{}^{W}Y_w + A_{33}\,{}^{W}Z_w + A_{34}} \\[4mm]
{}^{I}X_u = \dfrac{A_{11}\,{}^{W}X_w + A_{12}\,{}^{W}Y_w + A_{13}\,{}^{W}Z_w + A_{14}}{A_{31}\,{}^{W}X_w + A_{32}\,{}^{W}Y_w + A_{33}\,{}^{W}Z_w + A_{34}}
\end{cases}
\tag{2-32}
$$

进一步整理得到：

$$
\begin{cases}
A_{21}\,{}^{W}X_w - A_{31}\,{}^{I}Y_u\,{}^{W}X_w + A_{22}\,{}^{W}Y_w - A_{32}\,{}^{I}Y_u\,{}^{W}Y_w \\
\quad + A_{23}\,{}^{W}Z_w - A_{33}\,{}^{I}Y_u\,{}^{W}Z_w + A_{24} - A_{34}\,{}^{I}Y_u = 0 \\
A_{11}\,{}^{W}X_w - A_{31}\,{}^{I}X_u\,{}^{W}X_w + A_{12}\,{}^{W}Y_w - A_{32}\,{}^{I}X_u\,{}^{W}Y_w \\
\quad + A_{13}\,{}^{W}Z_w - A_{33}\,{}^{I}X_u\,{}^{W}Z_w + A_{14} - A_{34}\,{}^{I}X_u = 0
\end{cases}
\tag{2-33}
$$

式（2-33）中未知参量可表示成下列矩阵形式：

$$QA = 0 \tag{2-34}$$

在式（2-34）中，Q 是 $2n \times 12$ 的矩阵，A 是具有 12 个未知数的矢量，n 是需要标定点的个数。令：

$$A' = (A_{11} \quad A_{12} \quad A_{13} \quad A_{14} \quad A_{21} \quad A_{22} \quad A_{23} \quad A_{24} \quad A_{31} \quad A_{32} \quad A_{33} \quad A_{34})$$
$$\tag{2-35}$$

针对求出的 A 与 A' 相差一个常数比例因子 A_{34}，考虑到减少计算量，可以令 $A_{34} = 1$，然而这并不影响投影关系，所以，把式（2-34）改为：

$$Q'A' = B' \tag{2-36}$$

$$Q'_{2i\text{-}1} = \begin{pmatrix} {}^{W}X_{wi} \\ {}^{W}Y_{wi} \\ {}^{W}Z_{wi} \\ 1 \\ 0 \\ 0 \\ 0 \\ 0 \\ -{}^{I}X_{ui}{}^{W}X_{wi} \\ -{}^{I}X_{ui}{}^{W}Y_{wi} \\ -{}^{I}X_{ui}{}^{W}Z_{wi} \end{pmatrix}^{\mathrm{T}} \tag{2-37}$$

$$\boldsymbol{Q}'_{2i} = \begin{pmatrix} 0 \\ 0 \\ 0 \\ 0 \\ {}^{W}X_{wi} \\ {}^{W}Y_{wi} \\ {}^{W}Z_{wi} \\ 1 \\ -{}^{I}Y_{ui}{}^{W}X_{wi} \\ -{}^{I}Y_{ui}{}^{W}Y_{wi} \\ -{}^{I}Y_{ui}{}^{W}Z_{wi} \end{pmatrix}^{\mathrm{T}} \tag{2-38}$$

$$\boldsymbol{B}'_{2i-1} = ({}^{I}X_{ui}),\ \boldsymbol{B}'_{2i} = ({}^{I}Y_{ui}) \tag{2-39}$$

最后，矩阵 $\boldsymbol{A}'$ 的全部未知数可以通过线性最小二乘广义逆法求解：

$$\boldsymbol{A}' = (\boldsymbol{Q}'^{\mathrm{T}}\boldsymbol{Q}')^{-1}\boldsymbol{Q}'^{\mathrm{T}}\boldsymbol{B}' \tag{2-40}$$

2.4.3 Tsai 两步法

对中长焦距的镜头或畸变较小的镜头，Tsai 两步法可以达到较高的标定和测量精度[7]。该算法分为两步：（1）由于图像点坐标只有径向畸变影响，通过建立、求解超定线性方程组，求出相机外参数；（2）考虑畸变因素，利用一个三变量的优化搜索算法求解非线性方程组来求解其他参数。

如图 2-1 所示，(X_u, Y_u) 为针孔模型下以长度单位表示的点 P 的图像坐标，(u_i, v_i) 为以像素表示的图像坐标，(X_d, Y_d) 表示由畸

变引起的偏离 (X_u, Y_u) 的实际坐标，(x_c, y_c, z_c) 是 P 点在摄像机坐标系的三维坐标，(x_w, y_w, z_w) 为世界坐标系中点 P 的三维坐标。

假设光心的图像坐标 (u_0, v_0) 已求出，由于误差的存在，在 x 方向引进一个不确定因子 s_x，且只考虑二阶径向畸变。得到：

$$\begin{cases} X_{di} = d_u(u_i - u_0) \\ Y_{di} = d_v(v_i - v_0) \end{cases} \tag{2-41}$$

则有：

$$\begin{cases} s_x^{-1}(1 + k_1 r^2) X_{di} = f \dfrac{r_{11} x_{wi} + r_{12} y_{wi} + r_{13} z_{wi} + t_x}{r_{31} x_{wi} + r_{32} y_{wi} + r_{33} z_{wi} + t_z} \\ (1 + k_1 r^2) Y_{di} = f \dfrac{r_{21} x_{wi} + r_{22} y_{wi} + r_{23} z_{wi} + t_y}{r_{31} x_{wi} + r_{32} y_{wi} + r_{33} z_{wi} + t_z} \end{cases} \tag{2-42}$$

即：

$$X_{di}(r_{21} x_{wi} + r_{22} y_{wi} + r_{23} z_{wi} + t_y) = s_x Y_{di}(r_{11} x_{wi} + r_{12} y_{wi} + r_{13} z_{wi} + t_x) \tag{2-43}$$

1. 线性变换确定外部参数

（1）根据最小二乘法，采用多于 7 个标定点，由式（2-43）算出中间变量 $t_y^{-1} s_x r_{11}$，$t_y^{-1} s_x r_{12}$，$t_y^{-1} s_x r_{13}$，$t_y^{-1} r_{21}$，$t_y^{-1} r_{22}$，$t_y^{-1} r_{23}$，$t_y^{-1} s_x t_x$：

$$\begin{bmatrix} Y_{di} x_{wi} & Y_{di} y_{wi} & Y_{di} z_{wi} & -X_{di} x_{wi} & -X_{di} y_{wi} & -X_{di} z_{wi} \end{bmatrix} \begin{bmatrix} t_y^{-1} s_x r_{11} \\ t_y^{-1} s_x r_{12} \\ t_y^{-1} s_x r_{13} \\ t_y^{-1} s_x t_x \\ t_y^{-1} r_{21} \\ t_y^{-1} r_{22} \\ t_y^{-1} r_{23} \end{bmatrix} = X_{di} \tag{2-44}$$

（2）求解外部参数 $|t_y|$。

设 $a_1 = t_y^{-1} s_x r_{11}, a_2 = t_y^{-1} s_x r_{12}, a_3 = t_y^{-1} s_x r_{13}, a_4 = t_y^{-1} s_x t_x, a_5 = t_y^{-1} r_{21},$
$a_7 = t_y^{-1} r_{23}$，则有：

$$|t_y| = \left(a_5^2 + a_6^2 + a_7^2 \right)^{-1/2} \qquad (2\text{-}45)$$

（3）确定 t_y 的符号。

用任意一个远离图像中心的特征点的图像坐标 (u_i, v_i) 和世界坐标系 (x_{wi}, y_{wi}, z_{wi}) 做验证，假设 $t_y > 0$，然后并求出 $r_{11}, r_{12}, r_{13}, r_{21}, r_{22}, r_{23}, t_x$，其中 $x = r_{11} x_{wi} + r_{12} y_{wi} + r_{13} z_{wi} + t_x$ 和 $y = r_{21} x_{wi} + r_{22} y_{wi} + r_{23} z_{wi} + t_y$，如果 X_{di} 与 x 同号，Y_{di} 和 y 同号，则 t_y 为正，反之为负。

（4）由式（2-46）确定 s_x。

$$s_x = (a_1^2 + a_2^2 + a_3^2)^{1/2} |t_y| \qquad (2\text{-}46)$$

（5）计算出 r 和 t。

$r_{11} = a_1 t_y / s_x$，$r_{12} = a_2 t_y / s_x$，$r_{13} = a_3 t_y / s_x$，$r_{21} = a_5 t_y$，

$r_{22} = a_6 t_y$，$r_{23} = a_7 t_y$，$t_x = a_4 t_y / s_x$，$r_{31} = r_{12} r_{23} - r_{13} r_{22}$，

$r_{32} = r_{13} r_{21} - r_{11} r_{23}$，$r_{33} = r_{11} r_{22} - r_{12} r_{21}$。

2. 非线性变换确定内部参数

（1）先不考虑镜头畸变，计算出 f 和 t_z 的大概值，并且假设 $k_1 = 0$ 可得：

$$\begin{bmatrix} y_i & -Y_{di} \\ s_x x_i & -X_{di} \end{bmatrix} \begin{bmatrix} f \\ t_z \end{bmatrix} = \begin{bmatrix} w_i Y_{di} \\ w_i X_{di} \end{bmatrix} \qquad (2\text{-}47)$$

式（2-47）中，$x_i = r_{11}x_{wi} + r_{12}y_{wi} + r_{13}z_w + t_x$，$y_i = r_{21}x_{wi} + r_{22}y_{wi}$ $+ r_{23}z_{wi} + t_y$，$w_i = r_{31}x_{wi} + r_{32}y_{wi} + r_{33}z_w$。

对于 n 个标定点，采用最小二乘法求得 f 和 t_z 的初值。

（2）算出精确的 f, t_z, k_1。

利用上面得到的 f 和 t_z 的粗值，同时设 k_1 的初始值为 0，可以得到：

$$\begin{cases} Y_{di}(1 + k_1 r^2) = \dfrac{f y_i}{w_i + t_z} \\[3mm] s_x^{-1} X_{di}(1 + k_1 r^2) = \dfrac{f x_i}{w_i + t_z} \end{cases} \quad (2\text{-}48)$$

对式（2-48）做非线性优化，求解 f, t_z, k_1。优化函数为：

$$\sum_{i=1}^{n} \left(Y_{di}(1 + k_1 r^2) - \frac{f y_i}{w_i + t_z} \right)^2 \left(s_x^{-1} X_{di}(1 + k_1 r^2) - \frac{f x_i}{w_i + t_z} \right)^2 \text{，即 } 2n \text{ 个方}$$

程的残差平方和。

2.4.4 基于主动视觉摄像机的标定方法

1.基于摄像机纯旋转的标定[15]

首先，由 Hartley[21] 的 "关于通过控制摄像机绕光心做纯旋转运动来标定摄像机" 这一具有重要影响文章讲起：

假设当摄像机作绕光心的纯旋转运动时，运动前后图像之间有如下关系：

$$\begin{cases} U_1 \approx K(I \quad 0) \begin{pmatrix} X \\ 1 \end{pmatrix} = P_1 \begin{pmatrix} X \\ 1 \end{pmatrix} \\ U_2 \approx KX' = K(R \quad T) \begin{pmatrix} X \\ 1 \end{pmatrix} = P_2 \begin{pmatrix} X \\ 1 \end{pmatrix} \end{cases} \quad (2\text{-}49)$$

下面对式（2-49）进行补充说明：

这里矩阵 P_1 和 P_2 为摄像机运动前后的投影矩阵。根据理想状态下的针孔模型，假设摄像机坐标系的原点即为摄像机的光心，那么空间点 X_i 到图像点 U_i 的投影关系如下：

$$U_i = \begin{bmatrix} u_i \\ v_i \\ 1 \end{bmatrix} \approx KX_i = \begin{bmatrix} f_u & s & u_0 \\ 0 & f_v & v_0 \\ 0 & 0 & 1 \end{bmatrix} \begin{bmatrix} x_i \\ y_i \\ z_i \end{bmatrix} \quad (2\text{-}50)$$

符号"$\approx$"表示在相差一非零常数因子情形下的等价。其中 f_u，f_v 分别为图像坐标系 u 轴和 v 轴的尺度因子；s 为畸变因子，它通常由图像坐标系 u 轴和 v 轴的不垂直引起；K 为摄像机内部参数矩阵；(u_0, v_0) 为主点坐标；即像平面与光轴交点的像素坐标。当相机做刚体运动 (R, T) 旋转和平移后，空间点坐标由 X 变换为 X'：

$$X' = RX + T \quad (2\text{-}51)$$

由式（2-49）可将摄像机做纯运动前后图像之间的关系简化为：

$$\begin{cases} U_{1i} \approx KX_i \\ U_{2i} \approx KRX_i \end{cases} \quad (2\text{-}52)$$

其中矩阵 H 可以从多组（大于或等于 4 组）图像对应点得到，

且有 $U_{2i} \approx KRK^{-1}U_{1i} \approx HU_{1i}$，设 Det（$H$）=1，则有下式成立：

$$H = KRK^{-1} \text{或} HK=KR \qquad (2\text{-}53)$$

将式（2-53）两边转置并分别右乘，得：

$$HKK^{\mathrm{T}}H^{\mathrm{T}} = KK^{\mathrm{T}} \qquad (2\text{-}54)$$

基于摄像机纯旋转标定方法的基本约束方程即为式（2-54），这里令 $C=KK^{\mathrm{T}}$，而且 C 为未知数，H 已知。如果当 C 已知后，通过 Cholesky 分解可得到矩阵 K，所以求矩阵 C 就转换为摄像机的标定的核心问题。由于矩阵 C 中含有 5 个独立元素，但是式（2-54）只能得到 4 个关于矩阵 C 中元素的线性独立约束方程，因此要得到 C 的唯一解，只依靠一个 H 是不可能的，所以在保持摄像机的内部参数不变的情况下，需使摄像机绕光心做两次独立旋转运动，可以线性求解 C 唯一解。

此标定算法的基本步骤如下：

（1）首先摄像机绕光心做两次及以上的旋转轴不互相平行的旋转运动；

（2）每当摄像机旋转一次，就需要通过图像之间对应点求出对应的矩阵 H；

（3）然后通过联立多个形如式（2-54）的矩阵方程组，试图求解矩阵 C；

（4）最后在求出 C 后，通过 Cholesky 分解的基本方法得到矩阵 K。

通过上述步骤分析可知：Hartley 标定算法比较简单，可以线性求解摄像机所有 5 个内部参数，但也存在不足之处，即在于实际标定过程中，需要提前知道摄像机光心的具体位置，而实际上这个先验知识是较难获得的，因此摄像机绕光心做纯旋转运动很难实现。

2.基于三正交平移运动的标定

这里以"基于摄像机三正交平移运动的标定方法"[16]为例，深入讲解此文献中给出的标定摄像机的内部参数矩阵的方法，还讨论了外部参数的标定。在此仅介绍提出的关于如何标定内部参数矩阵。

在进行原理介绍前，需要先了解 FOE（Focus of Expansion）的基本概念及性质。FOE 定义为：当物体或者摄像机做纯平移运动时，图像对应点连线的交点。实际上 FOE 等同于人们所说的极点。由式（2-52）可以知道当摄像机做纯平移运动 T 时，空间点 X_i 运动前和后的图像分别表示为：

$$\begin{cases} U_{1i} \approx KX_i \\ U_{2i} \approx KX_i + KT \end{cases} \tag{2-55}$$

$U_{\{1i\}}$，$U_{\{2i\}}$ 的连线 $L_i = U_{1i} \times U_{2i} = KX_i \times KT \approx K^{-1}(X_i \times T)$，如果矩阵 A 为非奇异矩阵，且 a, b 为矢量，则 $Aa \times Ab \approx A^{-1}(a \times b)$，这样 L_i 与 L_j 的交点坐标为：

$$E = L_i \times L_j \approx K\left\{(X_i \times T) \times (X_j \times T)\right\} \tag{2-56}$$

由矢量运算：$(a \times b) \times (c \times b) = \left[a \cdot (b \times c)\right]b$，则式（2-56）可以表示为：

$$E \approx KT \tag{2-57}$$

由式（2-56）和式（2-57）不难得知 FOE 与极点是等价的。

FOE 的性质：

当式（2-50）中元素 $s = 0$ 时，假设 FOE 的图像坐标为 (F_u, F_v)，则向量：

$$\left(\frac{F_u - u_0}{f_u} \quad \frac{F_v - v_0}{f_v} \quad 1\right) \tag{2-58}$$

与摄像机的平移向量 $\boldsymbol{T} = (T_x \quad T_y \quad T_z)^\mathrm{T}$ 平行。

上述结论可以由式（2-50）和式（2-57）知：

$$(\boldsymbol{F}_u, \boldsymbol{F}_v) = \left(\frac{f_u T_x + u_0}{T_z} \quad \frac{f_v T_y + v_0}{T_z}\right),$$

代入式（2-58），有：

$$\left(\frac{F_u - u_0}{f_u} \quad \frac{F_v - v_0}{f_v} \quad 1\right) = \left(\frac{T_x}{T_z} \quad \frac{T_y}{T_z} \quad 1\right) \approx (T_x \quad T_y \quad T_z),$$

需注意当 $s \neq 0$ 时，上述结论不成立。

接下来正式介绍马[1]提出的摄像机内参标定的基本原理：首先使摄像机做一组三正交运动（即两两正交的三次平移运动），然后根据图像对应点之间的关系计算出 3 个对应的 FOE，记为 $\boldsymbol{F}_1, \boldsymbol{F}_2, \boldsymbol{F}_3$，则由上面介绍的有关 FOE 的性质，可以得到以下 3 个关于 f_u, f_v, u_0, v_0 的约束方程：

$$\left(\frac{F_{1u} - u_0}{f_u} \quad \frac{F_{1v} - v_0}{f_v} \quad 1\right)\left(\frac{F_{2u} - u_0}{f_u} \quad \frac{F_{2v} - v_0}{f_v} \quad 1\right)^\mathrm{T} = 0 \tag{2-59}$$

$$\left(\frac{F_{1u} - u_0}{f_u} \quad \frac{F_{1v} - v_0}{f_v} \quad 1\right)\left(\frac{F_{3u} - u_0}{f_u} \quad \frac{F_{3v} - v_0}{f_v} \quad 1\right)^\mathrm{T} = 0 \tag{2-60}$$

$$(\frac{F_{2u}-u_0}{f_u} \quad \frac{F_{2v}-v_0}{f_v} \quad 1)(\frac{F_{3u}-u_0}{f_u} \quad \frac{F_{3v}-v_0}{f_v} \quad 1)^{\mathrm{T}} = 0 \quad （2\text{-}61）$$

由式（2-59）减去式（2-60）和式（2-61），并令 $x = u_0$，$y = \frac{v_0 f_u^2}{f_z^2}$，

$z = \frac{f_u^2}{f_z^2}$，可以得到关于 x, y, z 的两个线性约束方程：

$$(F_{1u}-F_{3u})x + (F_{1v}-F_{3v})y - F_{2v}(F_{1v}-F_{3v})z = F_{2u}(F_{1u}-F_{3u}) \quad （2\text{-}62）$$

$$(F_{2u}-F_{3u})x + (F_{2v}-F_{3v})y - F_{1v}(F_{2v}-F_{3v})z = F_{1u}(F_{2u}-F_{3u}) \quad （2\text{-}63）$$

通过以上两式显然不能唯一确定 x, y, z，需要再作一次三正交运动，由文献[22]证明得到，在两组三正交运动的 6 次平移运动中，满足任意 4 次平移运动不共面时，x, y, z 可以从两组形如式（2-62）和式（2-63）的约束方程线性唯一求解。在求出 x, y, z 后，f_u, f_v, u_0, v_0 就可以很方便得到。

此标定算法的基本步骤如下：

（1）为唯一确定 x, y, z，摄像机至少作两组相互独立的三正交运动，且满足两组内任意 4 平移向量不共面。

（2）分别由图像对应点计算得到相应的 FOE。

（3）通过形如式（2-62）和式（2-63）的线性约束方程求解 x, y, z，再计算出 f_u, f_v, u_0, v_0。

由上述原理介绍不难看出，马颂德研究员提出的此标定方法虽可线性求解摄像机内参，但也明显存在以下不足：第一，需要高精度的摄像平台来实现三正交平移运动；第二，由于 x, y, z 系数矩阵的条件数一般很大，所以该方法对噪声比较敏感；第三，

必须满足当摄像机模型中 $s = 0$ 这一前提条件时该方法才成立。

参考文献

[1] 马颂德, 张正友. 计算机视觉——计算理论与算法基础[M]. 北京：科学出版社，2003.

[2] O.D. FAUGERAS. Three-Dimensional Computer Vision: A Geometric Viewpoint[M]. The MIT Press, Cambridge, MA, 1933.

[3] HUANG T S, NETRAVALI A N. Motion and structure from feature correspondence: a review [C]. //Proceeding of the IEEE 82. 1994: 252-268.

[4] D.C.BROWN. Decentering distortion of lenses[J]. Photogrammetric Eng. Remote Sensing. 1966:444-462.

[5] Y.Y.ABDEL-AZIZ, H.M.KARARA. Direct linear transformation into object space coordinates in close-range photogrammetry. In Proc[J]. Close-Range Photogrammetry, Jan. 1971:1-18.

[6] O FAUGERAS, Q T LUONG, S MAYBANK. Camera Self-Calibration: Theory and Experiments[C]. //Proceedings of the 2nd European Conference on Computer Vision. Italy, 1992:321-334.

[7] TSAI R Y. A versatile camera calibration technique for high-accuracy 3D machine vision metrology using off-the-shelf

TV cameras and lenses[J]. IEEE Journal of robotics and automation. 1987,3(4):323-344.

[8] TSAI R Y. An efficient and accurate camera calibration technique for 3D machine cision[C]. //Proc. of IEEE Conference of Computer Vision and Pattern Recognition. 1986:364-374.

[9] ZHANG Z Y. A flexible new technique for camera calibration [J]. IEEE Transactions on Pattern Analysis and Machine Intelligence. 2000, 22(11):1330-1334.

[10] MENG X Q, LI H, HU Z Y. A new easy camera calibration technique based on circular points [C]. //Proceedings of the British Machine Vision Conference. ILES Central Press, 2000:496-501.

[11] O FAUGERAS, Q T LUONG, S MAYBANK. Camera Self-Calibration: Theory and Experiments[C]. //Proceedings of the 2nd European Conference on Computer Vision. Italy, 1992:321-334.

[12] S MAYBANK, O FAUGERAS. A Theory of Self-Calibration of a Moving Camera[J]. International Journal of Computer Vision, 1992,8(2): 123-151.

[13] 李析，郑南宁，程洪. 一种基于 Kruppa 方程的摄像机线性自标定方法[J]. 西安交通大学学报.2003，37（8）：820-823.

[14] TRIGGS B. Auto-calibration and the absolute quadric[C]. //Proceedings of Computer Vision and Pattern Recognition, 1997:609-614.

[15] 胡占义，吴福朝.基于主动视觉摄像机标定方法[J]. 计算机学

报，2002，25（11）：1149-1156.

[16] S.D.MA. A Self-Calibration Technique for Active Vision System[J]. IEEE Trans.on Robot Automation, 1996,12(1): 114-120.

[17] 雷成，吴福朝，胡占义.一种新的基于主动视觉系统的摄像机自标定方法[J]. 计算机学报，2000，23（11）：1130-1139.

[18] Z.ZHANG. Flexible Camera Calibration by Viewing a Plane from Unknown Orientations[C]. //Proceeding of the 7th International Conference on Computer Vision，Kerkyra，Greek，1999，666-673.

[19] ZHANG.Z. A flexible new technique for camera calibration[R]. Microsoft Corporation:Technical Report MSR-TR-98-71，1998.

[20] E.L HALL, J.B.K TIO, C.A. CPHERSON, F.A SADJADI. Measuring curved surfaces for robot vision[J]. Comput. J. 1982(15): 42-54.

[21] HARTLEY R. Self-calibration of stationary cameras[J]. International Journal of Computer Vision, 1997,22(1):5-23

[22] 吴福朝，李华，胡占义. 基于主动视觉的摄像机标定方法研究[J]. 自动化学报，2001，27（6）：736-746.

第3章 运动目标检测

3.1 引言

运动检测即从视频序列图像中将变化区域从背景图像中提取出来，其前景部分即为目标。运动目标检测的算法根据目标与摄像机之间的关系可以分为静态背景下运动检测和动态背景下运动检测。静态背景下运动检测就是摄像机在整个监视过程中不发生移动，只有被监视目标在摄像机视场内运动，这个过程只有目标相对于摄像机的运动；动态背景下运动检测就是摄像机在整个监视过程中发生了移动（如平动、旋转或多自由度运动），被监视目标在摄像机视场内也发生了运动，这个过程产生了目标与摄像机之间复杂的相对运动。

本研究中双目平台的运动检测任务是在静态背景下完成的。对目标进行主动跟踪过程中的目标发现与定位是由目标检测算法来实现的，所以本节重点探讨静态背景的检测算法。此外，动态背景下的目标检测算法，与本书后面讨论的目标跟踪算法多有重合，只是分类标准的不同而已。

静态背景的检测算法主要包括背景相减法[1-3]、帧差法[2,4]和光流法[2-3]，是利用当前图像与背景图像的差分来检测运动区域的一种技术。其基本思想是先得到一个背景模型，然后将当前帧与背景模型相减，如果像素差值大于某一阈值，则判断此像素属于运动目标，否则属于背景图像。背景相减法的核心问题是背景建模，不同模型的实现开销不同，得到的效果也不相同。

最简单的背景模型，就是前一帧图像，将上一帧图像作为背景，用当前帧图像与上一帧图像相减，以此发现运动的前景目标区域。这种方法就是上面提到的帧差法。可见，帧间差分法可以看作是背景相减法的一个特例。平均背景法与帧差法不同，是另一种常用的利用背景建模的方法，其基本思路是首先计算每个像素的平均值和标准差，然后将该类值作为背景模型。除了这些方法外，还有高级背景模型，如 codebook 模型等，模型越复杂，需要的计算量往往也越大。

在空间中，可以用运动场描述目标的具体运动，而在一个图像平面上，图像序列中图像灰度分布的不同来体现物体的运动，就相当于像素值随着图像序列的不同而在不同图像中进行运动，从而使空间中的运动场转移到图像上就表示为光流场。所以，光流场反映了图像上每一点灰度的变化趋势，可看成是带有灰度的像素点在图像平面上运动而产生的瞬时速度场，也是一种对真实运动场的近似估计。在理想情况下，它能够检测独立运动的对象，不需要预先知道场景的任何信息，就可以很精确地计算出运动物体的速度，并且可用于动态场景的情况。但是大多数光流方法的计算过程较为复杂，对硬件具有一定的要求，在需要实时处理的场合，计算过程得不到有效的保证，而且由于该过程计算空间域的像素值的变化情况，对噪声比较敏感，抗噪声能力差。

双目视觉平台需要迅速发现目标，对实时性要求较高，但又要保证目标的提取达到一定精度，权衡之下，选择背景差分法作为目标检测模块，对几种背景差分法进行了实现和比较。

3.2 背景差分法

背景差分法通过计算输入图像与背景图像之间的差异来确定运动对象，即得到运动目标。背景差分法的基本操作是：首先需要有一张背景图像，然后对视频图像和此背景图像进行差分运算，用一张新的图像保存差分结果的绝对值。通过计算差分图像，将像素值和阈值进行比较，如果像素值较大，则可将图像的前景背景进行区分，同时变化中的像素区域属于运动目标区域。像素值和阈值进行比较时，如果像素值较小，则相当于背景区域。可以通过如下公式进行表达：

$$Mask_t(x, y) = \begin{cases} 1 & |I_t(x, y) - B_t(x, y)| > T_d \\ 0 & otherwise \end{cases} \qquad （3\text{-}1）$$

上式中，当前图像为 I，背景模型为 B，判决阈值为 T_d，当前时刻目标的前景掩膜为 $Mask_t(x, y)$。

很明显，在运动背景差分法时需要有一定的限制，这种限制实际上是工程图像中经常存在的问题，即前景和背景的像素值存在阈值，但这个阈值如何选取，有时候较难确定。另外就是摄像机不能运动，只能静止，运动的相机使得运动目标的位置经常发生变化，这样前景分割相对较为困难。这种方法由于运算速度相对较快（直接进行减法运算），实现起来相对简单，在摄像头固定不变且光照条件相对稳定的情况下，具有较多的应用。背景差分法直接对像素进行处理，相对处理的层次较低，对象是单个像素，对图像的"理解"方面存在不足，由于拍摄环境中各种噪声和各种突变会产生，检测结果的准确率受到影响，准确率会严重下降。许多研究学者通过对算法进行改进，提出了很多有效的方法，其中一些方法相对较为简单，如均值法、中值法、运动平均法、运动高斯法等。

均值法：该方法使用背景是运动目标出现时，背景没有发生变化，即能够容易提取出相应的对背景，然后取其中部分背景图像求平均即可得到相应的背景图像。

中值法：顾名思义，即在某个时刻，将像素点附近的中值作为背景，进行建模。

运动平均方法：需要用到当前图像的背景，然后进行不断更新，更新的公式如下所示：

$$B_{t+1}(x, y) = \alpha I_t(x, y) + (1 - \alpha)B_t(x, y) \qquad （3-2）$$

这里的 α 为学习速率，解决更新时的步伐，其值处于 0 至 1 之间，α 值如果较小，背景更新较慢一些。

如果为了减少前景对背景的干扰，可以采用如下方法对更新模型进行修改：

$$B_{t+1}(x, y) = \begin{cases} \alpha I_t(x, y) + (1 - \alpha)B_t(x, y) & Mask_t(x, y) = 0 \\ B_t(x, y) & Mask_t(x, y) = 1 \end{cases} \qquad （3-3）$$

接下来研究基于高斯方法的背景模型方法。

3.2.1 单高斯背景模型

通过对单帧图像中某一个位置的像素值进行研究，假设这个位置的像素值构成的观察序列为 $\{X_1, X_2, \cdots X_t\}$，由于外界环境的影响，诸如光照、目标干扰等，可将这个序列变换的过程看成随机过程，且假设这个随机过程是相对独立的。

对于一种相对简单的情况，即背景单一不变，可以用单个高斯模型来描述每个像素点在图像序列中的分布：

$$P(X_t) = N(X_t, \mu_t, \sum{}_t) \qquad (3-4)$$

这里，$N(X_t, \mu_t, \sum{}_t)$ 是均值为 μ，协方差矩阵为 $\sum$ 的高斯分布的概率密度函数，下标 t 是时间序列，即按照某种顺序排列的时间序列帧。

当进行前景点的分析时，假设 X_t 为当前像素点的颜色度量，如果 $N(X_t, \mu_t, \sum{}_t) < T_p$（$T_p$ 为概率阈值），则当前点为前景点，否则当前点为背景点。在实际的使用过程中，通过选择合适的阈值 T_d，来进一步代替阈值 T_p，从而进行前景点的判断：

$$d_t = X_t - \mu_t \qquad (3-5)$$

$$Mask_t(x, y) = \begin{cases} 1 & d_t^T \sum{}_t^{-1} d_t > T_d \\ 0 & otherwise \end{cases} \qquad (3-6)$$

这种算法有时候鲁棒性受到影响，为了提高鲁棒性，需要对背景模型进行更新，这里选取的方法是利用当前的观测值来更新。

$$u_{t+1} = (1-\alpha)\mu_t(x, y) + \alpha I_t(x, y)$$
$$\sigma^2{}_{t+1} = (1-\beta)\sigma^2{}_t(x, y) + \beta(I_t(x, y) - \mu_t(x, y))^T (I_t(x, y) - \mu_t(x, y))$$
$$\qquad (3-7)$$

公式中的 α，β 分别为对应高斯模型均值和方差的更新速率，取值一般根据经验获得。

从上式可以知道，学习率影响到了背景模型的更新速度，其值选取具有一定的要求，如果其值选取太大，则运动较慢的部分会被误判，从而使得这部分前景目标变成了背景；反之，如果选值过小，背景模型的更新出现问题，不能与实际场景的变化相匹配，就会出现很多空洞。因此，如何选择相对应的更新速率，对于工程测试过程的目标检测具有较大的影响。

针对彩色图像，由于其 RGB 三通道的存在，使得像素度量、方差和均值都是三维向量，为了进一步减少计算量，提高算法的实时性，通常会简化模型，即假设各个通道相对独立，方差相同，这样模型相对简单。针对灰度图像，由于只存在一个通道，模型相对简单，变成了一般都会假设图像中的每个像素的三个颜色通道彼此独立，并具有相同的方差。在处理灰度图是这些数据都变成了一维的向量，协方差矩阵也就简化成了方差。

3.2.2 混合高斯模型

经过相应的研究，从单高斯模型进行改进，构建了新的混合高斯模型。混合高斯模型通常采用 3—5 个高斯模型来表征图像中像素点的特征。用当前帧图像对混合高斯模型进行更新，且用当前图像的像素点与混合高斯模型进行有效匹配。匹配成功，则该点为前景点，匹配不成功，则该点为背景点。

混合高斯模型中的多个高斯分布模型被称为成分，将这些成分线性叠加在一起就构成了高斯混合模型的概率分布函数：

$$P(X_t) = \sum_{k=1}^{K} w_{k,t} N(X_t, \mu_{k,t}, \sum_{k,t}) \qquad （3-8）$$

上式中，k 是成分数量，t 时刻的 k 个高斯分布的权值是 $w_{k,t}$，是第 k 个高斯分布的均值和协方差矩阵被记为 $\mu_{k,t}$ 和 $\sum_{k,t}$，N 是高斯分布概率密度函数。

成分数量的多少通常由计算性能高低和内存大小决定，一般取值为 3—5。K 值越大，描述的场景越复杂，相应计算时所耗费的时间和内存就会更多。

通观整个高斯模型，主要是有方差和均值两个参数决定，对均值和方差的学习所采取不同的学习机制，将直接影响到模型的稳定性、精确性和收敛性。由于是对运动目标的背景提取建模，因此需要对高斯模型中方差和均值两个参数实时更新。为提高模型的学习能力，改进方法对均值和方差的更新采用不同的学习率；为提高在繁忙的场景下，大而慢的运动目标的检测效果，引入权值均值的概念，建立背景图像并实时更新，然后结合权值、权值均值和背景图像对像素点进行前景和背景的分类。

参数更新过程中，通过对最新观察数据进行统计，得到规定范围的一段时间的数据，然后基于 EM 算法估计每一点的混合高斯模型参数。该方法计算量巨大，且对于需要实时处理的场合存在较大问题。其改进方法即采用在线 K-means 算法来对参数进行近似估计。这种在线的方法是，用这种算法的思想是用 k 个高斯分布分别对当前位置的像素的 X_t 进行匹配，如果匹配成功，则用当前位置的像素值 X_t 去更新该分布的均值和方差，并增大该分布的权值；否则，则产生一个新的分布去替代现有混合分布中的一个权值较小的高斯分布。

在背景区域像素值变化较小的情况下，利用混合高斯模型中描述背景的高斯分布具有较大的权值和较小的方差，在计算前景的过程中，一般需要计算各个分布的 $w_{i,t} / \sigma_{i,t}$，通过对其进行排序，如果比值较大，则表明权值较大，方差较小，这种情况下对于描述背景比较有利。接着选取几个候选模型，作为背景模型。

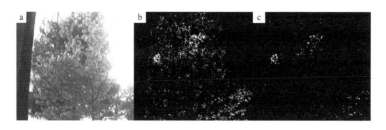

图 3-1　a 为第 20 帧的原始图像；b 为采用运动平均法；
c 为基于混合高斯模型

Fig3-1　a is the 20th source image; b is Moving average method; c is GMM

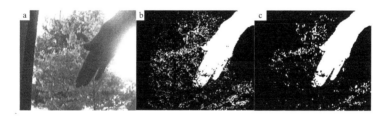

图 3-2　a 为第 60 帧的原始图像；b 为采用运动平均法；
c 为基于混合高斯模型

Fig3-2　a is the 20th source image; b is Moving average method; c is GMM

　　基于混合高斯模型的背景差分法和基于运动平均法在使用过程中均需要对背景进行更新，对环境的要求较高，使用受限。在实际情况下，比如摄像机晃动，目标物运动，都会影响到背景更新的准确性。基于混合高斯模型的背景更新算法，通常为每一个像素点建立 3—5 个高斯模型，可以在复杂的背景变换中对同一位置的像素值采用不同的高斯模型，从而提高算法的性能。这种不同可以通过实验结果分析得出，图 3-2 中结果显示，基于混合高斯模型的背景差分法比运动平均法有更好的环境适应性。

3.3 帧差法

将视频中的帧进行分割开来，然后相邻帧进行相减即可得到帧与帧之间的差异图像，这种方法称为帧差法，通过该方法能够提取出图像中运动区域，即剧烈变化部分。运动物体位置和形状等信息的运动目标检测方法就可以通过这种方法获得，具体过程如公式所示。

$$D_t(x,y) = |\, I_t(x, y) - I_{t\text{-}1}(x,y)\,| \qquad (3\text{-}9)$$

$$Mask_t(x, y) = \begin{cases} 1 & D_t(x, y) > T \\ 0 & otherwise \end{cases} \qquad (3\text{-}10)$$

上式中，当前帧用 $I_t(x, y)$ 表示，前一帧用 $I_{t\text{-}1}(x,y)$ 表示，帧差用 $D_t(x,y)$ 表示，阈值用 T 表示，根据经验值而定，$Mask_t(x, y)$ 为当前时刻目标的前景掩模。

在运动目标的信息几乎相当时，相邻帧差法会出现检测不完整或者无法检测的问题。该方法能够较好解决动态运动问题，但当运动目标变化较慢时，方法就不再有效。为了解决这个问题，使用对称差分法。该方式将连续三帧序列进行差分，然后去除由于运动而造成的背景问题，从而将运动目标的轮廓检测出来。算法公式具体如下：

$$D_t(x,y) = |\, I_t(x, y) - I_{t\text{-}1}(x,y)\,| \qquad (3\text{-}11)$$

$$D_{t+1}(x,y) = |\, I_{t+1}(x, y) - I_t(x,y)\,| \qquad (3\text{-}12)$$

然后通过阈值进行二值化得到：

$$Mask_t = \begin{cases} 1 & D_t(x,y) > T \\ 0 & otherwise \end{cases} \qquad (3\text{-}13)$$

$$Mask_{t+1}(x,y) = \begin{cases} 1 & D_{t+1}(x,y) > T \\ 0 & otherwise \end{cases} \qquad (3\text{-}14)$$

$$mask_t = Mask_t(x,y) \bigcap Mask_{t+1}(x,y) \qquad (3\text{-}15)$$

其中 $Mask_t(x,y)$，$Mask_{t+1}$ 为连续三帧所做的帧差，$mask_t$ 就为求得运动目标的轮廓。

3.4 光流法

光流可以定义为图像平面上坐标矢量的瞬时变化速率，也可以理解为亮度引起的表观运动，即具有某个灰度值的运动点在场景中由一个位置瞬时移动另一个位置，光流反映了这种移动的方向及快慢。光流法检测运动物体的基本原理是：给图像中的每一个像素点赋予一个速度矢量，这就形成了一个图像运动场，在运动的一个特定时刻，图像上的点与三维物体上的点一一对应，这种对应关系可由投影关系得到，根据各个像素点的速度矢量特征，可以对图像进行动态分析。如果图像中没有运动物体，则光流矢量在整个图像区域是连续变化的。当图像中有运动物体时，目标和图像背景存在相对运动，运动物体所形成的速度矢量必然和邻域背景速度矢量不同，从而检测出运动物体及位置。光流场可以简单理解为物体的运动矢量场，包括两个分量 u、v。设平面中有一点 $I(x,y)$，它代表的某一点 (x,y,z) 在图像平面上的投影，

该点在 t 时刻的灰度值为 I (x, y, t)。假定该点在 $t+\Delta t$ 运动到 $(x+\Delta x, y+\Delta y)$，在很短的时间间隔 Δt 内灰度值保持不变，即：

$$I(x + u\Delta t, y + v\Delta t, t + \Delta t) = I(x, y, t) \tag{3-16}$$

式中，该点的光流的 x、y 方向上的分量分别用 u、v 表示。

在亮度 I (x, y) 随时间 t 平滑变化的前提条件下，按照泰勒公式对上式展开，得到：

$$I(x,y,t) + \Delta x \frac{\partial I}{\partial x} + \Delta y \frac{\partial I}{\partial y} + \Delta t \frac{\partial I}{\partial t} + o(dt^2) = I(x,y,t) \tag{3-17}$$

其中 $o(dt^2)$ 包括 Δx，Δy，Δt 的二次以上的项，上式消去 I (x, y, t)，用 Δt 除等式两边，并取 $\Delta t \to 0$ 的极限后，可求得：

$$\frac{\partial I}{\partial x} \frac{dx}{dt} + \frac{\partial I}{\partial y} \frac{dy}{dt} + \frac{\partial I}{\partial t} = 0 \tag{3-18}$$

将 $\frac{dI}{dt} = 0$ 展开，就可以得到上式，也可简写为：

$$I_x u + I_y v + I_t = 0 \tag{3-19}$$

其中 $u = \dfrac{dx}{dt}, v = \dfrac{dy}{dt}, I_x = \dfrac{\partial I}{\partial x}, I_y = \dfrac{\partial I}{\partial y}, I_t = \dfrac{dI}{dt}$。

上式是光流约束方程，I 代表的是像素点 (x, y) 在时刻 t 的灰度值。这个方程中 I_x, I_y, I_t 可以通过图像来得出。由此可以看出该方程中，两个未知数，一个方程，需要寻找其他约束条件。人们在基本光流场方程基础上提出了很多约束条件和计算方法，如微分法、匹配法、频域法、马尔可夫随机场方法等。在实际计算中，基于微分的 Horn 和 Schunck 方法应用较多。

3.5 算法分析与比较

帧差法对背景噪声抑制性较好，但检测出的前景易出现空洞，特别是当前景部分颜色较一致，目标较大且运动较慢时，这种情况尤为明显。光流法结果中前景较好，但是背景噪声大。背景差方法较另外两种算法具有较大优势，前景较为完整，背景噪声抑制性较好，具体实验结果见图 3-3 和图 3-4，性能比较见表 3-1。

图 3-3 实验结果：a 为原始图像；b 为帧差法；c 为光流法；
d 为基于混合高斯模型的背景差分法

Fig3-3 The experimental results: a is source image; b is Frame diff-erence;
c is Optical flow; d is Gaussian mixture model of background difference

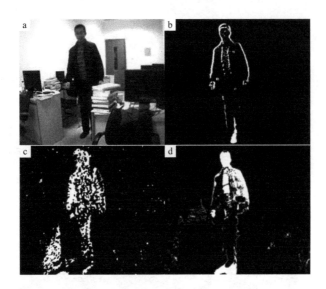

图 3-4 实验结果：a 为原始图像；b 为帧差法；c 为光流法；
d 为基于混合高斯模型的背景差分法

Fig3-4 The experimental results: a is source image; b is Frame difference;
c is Optical flow; d is Gaussian mixture model of background difference

表 3-1 不同运动检测算法的性能比
Table3-1 Difference of Motion Detection Algorithm Performance

	光线适应性	噪声抑制性	前景完整性	速度
混合高斯模型	较好	较好	好	一般
帧差法	好	好	差	快
光流法	差	差	较好	慢

　　帧差法对环境的适应性比较强，对光照的变化不敏感，但是
如果运动目标上的纹理、灰度信息相近，较难检测出完整的运动
目标且对运动比较慢的物体不敏感。对于双目视觉系统，完整的
运动目标能够较完整的包含目标的特征，对后续特征提取和目标

的匹配跟踪有着十分重要的意义。因此帧差法不能够很好满足系统要求。

　　光流法的优点在于光流不仅携带了运动物体的运动信息，而且还携带了有关景物三维结构的丰富信息，它能够在场景任何信息未知的情况下，检测出运动对象。但实际应用过程中，由于遮挡、多光源、透明性和噪声等原因，光流场基本方程的灰度守恒假设条件较难满足，不能求解出正确的光流场且会存在较多大噪声，而且光流计算复杂，再加上两个摄像头的同时工作，在已有的实验平台的环境下不能满足实时性的要求。因此，从实时性和准确性上来说，在双目视觉系统中使用光流法来检测运动目标不太实际。

　　背景差分法实现简单，运算速度快，且在大多情况下能够完整检测出结果。缺点是对于前景（运动物体）像素和背景像素差别不大的目标会影响其检测的准确性，并且还容易受到突变和其他一些噪声的影响。在双目视觉系统应用的场景下使用基于混合高斯模型的背景更新算法，再通过后续的图像形态学上的处理将使这些影响大大下降并且能够满足双目视觉系统的需要。因此，双目视觉系统中采用基于高斯混合模型的背景差分法进行运动目标检测。

参考文献

[1]　侯志强，韩崇昭. 视觉跟踪技术综述[J]. 自动化学报，2006，32（4）：603-617.

[2] 张娟, 毛晓波, 陈铁军. 运动目标跟踪算法研究综述[J]. 计算机应用研究, 2009, 26 (12): 4407-4410.

[3] YASER SHEIKH, MUBARAK SHAH. Bayesian Modeling of Dynamic Scenes for Object Detection[J]. IEEE Transactions on Pattern Analysis and Machine Intelligence. 2005.27(11): 1778-1792

[4] BOYOON JUNG , GAURAV S. SUKHATME. Detecting Moving Objects using a Single Camera on a Mobile Robot in an Outdoor Environment[C]. //In the 8th Conference on Intelligent Autonomous Systems.March 10-13.2004: 980-987.

[5] BUGEAU A, PÉREZ P. Detection and Segmentation of Moving Objects in Complex Scenes[J]. Computer Vision and Image Understanding. 2009.113(4): 459-476.

[6] 陈李迪超, 郭继昌. 运动摄像机下多目标检测与跟踪[J]. 计算机工程, 2012, 38 (20): 132-135

[7] 王素玉, 沈蓝荪. 智能视觉监控技术研究进展运动摄像机下多目标检测与跟踪[J]. 中国图像图形学报, 2007, 12 (9): 1502-1514

[8] 梁华. 多摄像机视频监控中运动目标检测与跟踪 [D] .长沙: 国防科技大学, 2009.

[9] STAUFFER C, GRIMSON E. Learning Patterns of Activity Using Real-Time Tracking[C]. //IEEE Transactions on Pattern Recognition and Machine Intelligence(TPAMI). 2000.22(8): 747-757.

[10] RICHEFEU J, MANZANERA A. A new hybrid differential

Filter for motion detection[C]. In ICCVG'04, Warsaw, Poland. 2004: 22-24.

[11] STAUFFER C, GRIMSON WEL. Adaptive Background Mixture Models for Real-Time Tracking. In Proc[J]. Computer Vision and Pattern Recognition 1999 .June 1999:246-252.

[12] TIAN YL, LU M, HAMPAPUR A. Robust and Efficient Foreground Analysis for Real-Time Video Surveillance[C]. //CVPR .2005: 1182-1187.

[13] 张娟，毛晓波，陈铁军. 运动目标跟踪算法研究综述[J]. 计算机应用研究，2009，26（12）：4407-4410.

[14] 贺贵明，李凌娟，贾振堂. 一种快速的基于对称差分的视频分割算法[J]. 小型微型计算机系统，2003，24（6）：966-968.

[15] WEI SONG, MING LI, PENG-YU NA, HONG-LIANG LIU, ZHENGUO QI. Moving Target Detection in the Binocular Vision System[C]. //CCT2013:449-454.

第4章 运动目标跟踪

4.1 引言

目标跟踪[1-2]的目的是确定目标在视频序列各帧中的位置，从而发现目标的运动轨迹。到目前为止，目标跟踪算法主要有点跟踪[3]（point tracking），核跟踪[4]（kernel tracking）和基于轮廓的跟踪[5]（silhouette tracking）。点跟踪是跟踪运动目标上的特征点，在目标非常小的情况下，跟踪单个特点较为适用，在目标较大的情况时，就需要跟踪多个特征点。与点跟踪方法不同的是，核跟踪的典型做法是通过计算目标区域在不同图像序列上的区域差异，根据运动目标在提取特征的过程中的不同的信息表示，可以分为多类具体方法，最基本的是基于模板和密度的跟踪与基于多视角的跟踪两类。由于可以提供目标轮廓形状的精确描述，基于轮廓的跟踪的方法主要包括形状匹配以及轮廓跟踪两种方法。

点跟踪就是提取待跟踪目标的特征点，根据特征点的所带有的特征来进行搜索定位跟踪。近年来，国内外很多学者都致力于研究出定位精确、鲁棒性强而且提取快速的特征点提取方法。如果图像中的一个点具有独特性和不变性，则被认为是一个特征点，也可以称为一个关键点或兴趣点。到目前为止，已经有很多特征点提取的方法出现。在进行图像匹配过程中，所提取的特征点最常用的就是角点。角点一般被认为目标边缘上曲率较大的点，它们仅包含少量数据，但可提供有关物体形状的重要信息，利用这些信息便可进一步实现跟踪。Moravec[6]在 1977 年就提出了利用图像灰度自相关函数的特征点检测算子，Harris 等人提出了 Moravec 算子的改进算子，实验表明，该算子对于图像存在旋转、照明变化是稳定的。使用 Harris 检测方法提取特征点，通过归一化相关进而沿核线寻找图像中特征点的对应点。Janelz 提出了基于小波变换的分层图像匹配算法，在分解后的每一层图像中提取特征点进行匹配，用并行策略进一步提高速度。Lowe[7]在 1999 年提出了尺度不变特征变换（SIFT）特征点检测方法该方法在高斯差分尺度空间中寻找极值点作为特征点初始值，然后采用高斯差分图像的海森矩阵来去除初始特征点中的边缘点。Lowe 的检测方法在检测特征点的同时检测出该点的特征尺度，并在特征尺度上建立特征点的旋转不变描述，然后进行特征点匹配。

　　核跟踪的目标表达通常用原始的目标区域来表达，跟踪由计算目标运动来实现的。目标运动以参数形式的运动（如平移、仿射等）或计算得到的连续帧的密度流区域描述。这些算法在外观表达的运动、跟踪的目标数目、运动估计使用的方法等方面有所差异。核跟踪算法可分为两类，分别是基于模板和概率密度的外观模型的跟踪与基于多视角外观模型跟踪。多视角目标模型就是对目标进行多个视角的离线学习，能够处理重大视角变化情况跟踪问题。基于模板概率密度外观模型的跟踪这类方法计算简单，最常用的就是模板匹配，这也是最直观的方法。在图像中搜索类似于预定义模板的区域，通过相似性度量判断目标位置。该方法主要的问题是计算量大，可以用邻域范围限定等方法来减少搜索半径。除了模板匹配外，还可以用颜色直方图、混合模型等来表达外观模型，如 Schweitzeret 高效的模板匹配算法、Comaniciu 算法和 MeerMeanShift 算法等。另外也可以使用光流法来进行跟踪。光流法是一种基于概率密度外观模型跟踪方法。通过计算每个像素在光照不变约束下的光流向量产生稠密光流区域，从而得到矩形区域的平移。目前 Meanshift 算法[8-9]以它的高效性，较好的鲁棒性被越来越多的人关注和使用，在后面将会对 Meanshift 算法做一个详细的介绍。

在进行目标跟踪时，形状复杂的目标难以用简单的几何形状来表示。基于轮廓的方法提供了较为准确的形状描述。这类方法的主要思想是用先前帧建立的目标模型找到当前帧的目标区域。其中目标模型可以是颜色直方图、目标边缘或者轮廓。基于轮廓的跟踪方法可以分为两类：形状匹配方法和轮廓跟踪方法。前者在当前帧中搜索目标性状，后者则通过状态空间模型或直接的能量最小化函数推演初始轮廓在当前帧中的新位置。形状匹配方法类似于基于模板的跟踪，在当前帧中搜索目标的轮廓和相关的模型。还有一种匹配形状的方法是在连续两帧中寻找关联轮廓，建立轮廓关联。这种方法使用了目标的外观特征，在提取轮廓后，通过测试度函数与目标模型进行匹配。轮廓跟踪的方法就是从前一帧的轮廓位置开始轮廓推演，得到当前帧的轮廓。前提是当前帧和前一帧的目标轮廓有所交叠。这类方法又有两种不同的实现方式，用状态空间模型建模轮廓的形状和运动，或直接用梯度搜索等轮廓能量最小化方法推演轮廓。轮廓跟踪通常是在需要跟踪目标整体区域执行的，该方法最重要的优点是处理目标形状变化的适应性。

上面提到的诸多种类的跟踪算法，都有自己的优势和不足，在不同的应用场合发挥各自的作用。其中核跟踪算法适合区域型目标跟踪，且对遮挡情况具备较好的鲁棒性，典型的算法有Meanshift算法和粒子滤波算法。

4.2 Meanshift 算法

Meanshift 是一种密度梯度的无参估计方法[10-11]，Comaniciu和Meer对Meanshift在图像滤波分割和跟踪中的使用都做了较早的论述。Meanshift算法的主要优点是：（1）计算量不大，在目标区域已知的情况下完全可以做到实时跟踪；（2）作为一个无参数密度估计算法，很容易作为一个模块和别的算法集成；（3）采用核函数直方图建模，对边缘遮挡、目标旋转、变形和背景运动不敏感。这些优点都是决定选择Meanshift算法作为双目视觉平台跟踪运动目标核心模块的原因。

Meanshift的缺点包括：（1）缺乏必要的模板更新算法；（2）跟踪过程中目标窗口的大小如果保存不变，当目标有尺度变化时，可能跟踪失败；（3）直方图是一种比较弱的对目标特征的描述，当背景和目标的颜色分布较相似时，算法效果欠佳。许多研究对上述的3点做了弥补，比如提出了目标窗口大小自适应的Camshift算法[12]。综合比较现有研究成果，选择 Meanshift 作为核心跟踪模块是合适的。

Meanshift 也叫作均值偏移，最早是由Fukunaga等人于1975年在一篇关于概率密度梯度函数的估计中提出来的。这里的

Meanshift 算法，一般是指一个迭代的步骤，即先算出当前点的偏移均值，移动该点到其偏移均值，然后以此为新的起始点，继续移动，直到满足一定的条件结束。Yizong Cheng 对基本的 Meanshift 算法在以下两个方面做了推广，首先定义一族核函数，使得随着样本与被偏移点的距离不同，其偏移量对均值偏移向量的贡献也不同，其次还设定了一个权重系数，使得不同的样本点重要性不一样，这大大扩大了 Meanshift 的适用范围。另外 Yizong Cheng 指出了 Meanshift 可能应用的领域，并给出了具体的例子。Comaniciu 等在文章中证明了 Meanshift 算法在满足一定条件下，一定可以收敛到最近的一个概率密度函数的稳态点，因此 Meanshift 算法可以用来检测概率密度函数中存在的模态。

Comaniciu 等人还把非刚体的跟踪问题近似为一个 Meanshift 最优化问题，使得跟踪可以实时的进行。

4.2.1 基本的 Meanshift

给定 d 维空间 R^d 中的 n 个样本点 x_i，$i=1, \ldots, n$，在 x 点的 Meanshift 向量的基本形式定义为：

$$M_h(x) = \frac{1}{k} \sum_{x \in Sh} (x_i - x) \qquad (4-1)$$

其中，S_k 是一个半径为 h 的高维空间，满足以下关系的 y 点的集合：

$$S_h(x) = \left\{ y : (y-x)^T (y-x) \le h^2 \right\} \qquad (4-2)$$

k 表示在这 n 个样本点 x_i 中，有 k 个点落入 S_k 区域中。

可以看到 $(x_i - x)$ 是样本点 x_i 相对于点 x 的偏移向量，式

（4-1）定义的 Meanshift 向量 $M_h(x)$ 就是对落入区域 S_k 中的 k 个样本点相对于点 x 的偏移向量求和然后再平均，其向量 $M_h(x)$ 应该指向概率密度梯度的方向。

从式（4-1）可以看出，只要是落入 S_k 的采样点，无论其离 x 远近，对最终的 $M_h(x)$ 计算的贡献是一样的，然而一般的说来，离 x 越近的采样点对估计 x 周围的统计特性越有效，因此引进核函数的概念，核函数的定义：X 代表一个 d 维的欧氏空间，x 是该空间中的一个点，用一列向量表示。x 的模 $\|x\|^2 = x^T x$，R 表示实数域，如果一个函数 $K : X \rightarrow R$ 存在一个剖面函数 $k : [0, \infty] \rightarrow R$，即：

$$K(x) = k\left(\|x\|^2\right) \tag{4-3}$$

并且满足：

（1）k 是非负的；

（2）k 是非增的，即如果 $a < b$ 那么 $k(a) \geq k(b)$；

（3）k 是分段连续的，并且 $\int_0^\infty k(r)dr < \infty$。

那么，函数 $K(x)$ 就被称为核函数。

在 Meanshift 中，有两类核函数经常用到，他们分别是：

（1）单位均匀核函数：

$$F(x) = \begin{cases} 1 & \text{if } \|x\| < 1 \\ 0 & \text{if } \|x\| \geq 1 \end{cases} \tag{4-4}$$

（2）单位高斯核函数：

$$N(x) = e^{-\|x\|^2} \tag{4-5}$$

一个核函数可以与一个均匀核函数相乘而截尾，如一个截尾的高斯核函数为：

$$\left(N^{\beta}F_{\lambda}\right)(x) = \begin{cases} e^{-\beta\|x\|^2} & \text{if } \|x\| < \lambda \\ 0 & \text{if } \|x\| \ge \lambda \end{cases} \tag{4-6}$$

引入核函数以后，在计算 $M_h(x)$ 时可以考虑距离的影响；同时在这所有的样本点 x_i 中，重要性并不一样，因此对每个样本都引入一个权重系数。

因此就可以把基本的 Meanshift 扩展为：

$$M\left(x\right) \equiv \frac{\sum\limits_{i=1}^{n} G_H(x_i - x)w(x_i)(x_i - x)}{\sum\limits_{i=1}^{n} G_H(x_i - x)w(x_i)} \tag{4-7}$$

其中：

$$G_H(x_i - x) = |H|^{-1/2} G\left(H^{-1/2}\left(x_i - x\right)\right)$$

$G(x)$ 是一个单位核函数 H 是一个正定的对称 $d \times d$ 矩阵，一般称之为带宽矩阵，$w(x_i) \ge 0$ 是一个赋给采样点 x_i 的权重。

在实际应用的过程中，带宽矩阵 H 一般被限定为一个对角矩阵 $H = \text{diag}\left[h_1^2,...,h_d^2\right]$，甚至更简单的被设定为正比于单位矩阵，即 $H = h^2 I$，由于后一形式只需要确定一个系数 h，在 Meanshift 中常常被采用，在本书的后面部分也采用这种形式，因此（4-7）式又可以被写为：

$$M_h(x) \equiv \frac{\sum_{i=1}^{n} G(\frac{x_i - x}{h})w(x_i)(x_i - x)}{\sum_{i=1}^{n} G(\frac{x_i - x}{h})w(x_i)} \tag{4-8}$$

如果对所有的采样点 x_i 满足：

（1）$w(x_i) = 1$；

（2）$G(x) = \begin{cases} 1 & \text{if } \|x\| < 1 \\ 0 & \text{if } \|x\| \geq 1 \end{cases}$；

则式（4-8）完全退化为式（4-1），也就是说，扩展的 Meanshift 形式在某些情况下会退化为最基本的 Meanshift 形式。

4.2.2 Meanshift 算法求解过程

Meanshift 算法是一个迭代的步骤，把（4-8）式的换为：

$$M_h(x) = \frac{\sum_{i=1}^{n} G(\frac{x_i - x}{h})w(x_i)x_i}{\sum_{i=1}^{n} G(\frac{x_i - x}{h})w(x_i)} - x \tag{4-9}$$

令：

$$m_h(x) = \frac{\sum_{i=1}^{n} G(\frac{x_i - x}{h})w(x_i)x_i}{\sum_{i=1}^{n} G(\frac{x_i - x}{h})w(x_i)} \tag{4-10}$$

给定一个初始点 x，核函数 $G(X)$，容许误差 ε，Meanshift 算法循环的执行下面三步，直至结束条件满足：

（1）计算 $m_h(x)$；

（2）把 $m_h(x)$ 赋给 x；

（3）如果 $\|m_h(x) - x\| < \varepsilon$，结束循环；若不然，继续执行（1）。

由式（4-9）可知，$m_h(x) = x + M_h(x)$，因此上面的步骤也就是不断沿着概率密度的梯度方向移动，同时步长不仅与梯度的大小有关，也与该点的概率密度有关，在密度大的地方，更接近要找的概率密度的峰值，Meanshift 算法使得移动的步长小一些；相反，在密度小的地方，移动的步长就大一些，在满足一定条件下，Meanshift 算法一定会收敛到该点附近的峰值。

4.2.3 Meanshift 物体跟踪

用一个物体的灰度或色彩分布来描述这个物体，假设物体中心位于 x_0，则该物体可以表示为：

$$\hat{q}_u = C \sum_{i=1}^{n} k\left(\left\|\frac{x_i^s - x_0}{h}\right\|^2\right) \delta\left[b(x_i^s) - u\right] \tag{4-11}$$

候选的位于 y 的物体可以描述为：

$$\hat{p}_u(y) = C_h \sum_{i=1}^{n_h} k\left(\left\|\frac{x_i^s - y}{h}\right\|^2\right) \delta\left[b(x_i^s) - u\right] \tag{4-12}$$

因此物体跟踪可以简化为寻找最优的 y，使得 $\hat{p}_u(y)$ 与 $\hat{q}_u$ 最相似。

$\hat{p}_u(y)$ 与 $\hat{q}_u$ 的最相似性用 Bhattacharrya 系数 $\hat{\rho}(y)$ 来度量分布，即：

$$\hat{\rho}(y) \equiv \rho[p(y), q] = \sum_{u=1}^{m} \sqrt{p_u(y)\hat{q}_u} \tag{4-13}$$

式（4.13）在 $\hat{p}_u(\hat{y}_0)$ 点泰勒展开可得：

$$\rho[p(y),q] \approx \frac{1}{2}\sum_{u=1}^{m}\sqrt{p(y_0)q_u} + \frac{1}{2}\sum_{u=1}^{m}p_u(y)\sqrt{\frac{q_u}{p_u(y_0)}} \qquad (4\text{-}14)$$

把式（4.14）带入式，整理可得：

$$\rho[p(y),q] \approx \frac{1}{2}\sum_{u=1}^{m}\sqrt{p(y_0)q_u} + \frac{C_h}{2}\sum_{i=1}^{n}w_i k\left(\left\|\frac{y-x_i}{h}\right\|^2\right) \qquad (4\text{-}15)$$

其中，$w_i = \sum_{u=1}^{m}\delta[b(x_i)-u]\sqrt{\dfrac{q_u}{p_u(y_0)}}$，对式（4-15）右边的第二项，可以利用 Meanshift 算法进行最优化。

4.2.4 Camshift 法

Camshift 算法是在 Meanshift 算法基础上扩展到应用于连续图像序列[13-14]的算法。Camshift 算法是于连续图像颜色动态变化的概率分布而获得的一种有效的目标跟踪算法，具有很好的鲁棒性和实时性。与 MeanShift 算法相比，CamShift 算法能够自动调节窗口大小以适应被跟踪目标在图像中的大小。然而该算法也有不足，在大面积颜色干扰情况下，该算法不能实现有效的跟踪。MeanShift 是为了静态的概率分布而设计的算法，而 CamShift 是为了动态的概率分布而设计的算法。将两种算法结合起来，对于一个图像序列来说，概率分布是动态的，可以采用 CamShift 查找这些图像序列中的目标。对于序列中的一幅图像来说，概率分布是静态的，采用 MeanShift 查找这幅图像中的目标。这样就可以确定实时的搜索目标在图像中的坐标。

Camshift 跟踪算法的基本思想是利用目标颜色特征在视频图

像中找到运动目标所在的大小和位置，在下一帧视频图像中，用运动目标当前的大小和位置初始化搜索窗口。重复这个过程就可以实现对目标的连续跟踪。当跟踪的目标为彩色时，Camshift 算法通过图像的颜色直方图获得颜色概率分布，目标运动图像的颜色概率分布也随之变化，因此可以根据图像的颜色概率分布变化来跟运动目标。

将目标区域的彩色空间由 RGB 空间转换为 HSV 空间，通过提取 H 分量的直方图进而建立目标颜色概率模型。具体过程为，在图像中寻找目标时，先将图像转化为 HSV 图像，初始化一个搜索窗口。通过查询目标颜色直方图模型，得到该搜索窗口中像素为目标颜色的概率。根据概率的计算移动窗口的位置，寻找最大概率值确定目标中心位置以及目标的大小，并通过当时的目标位置和大小设置下一幅图像中搜索窗口的大小和位置。

在图像处理区域初始化一个搜索窗口，假设（x，y）为搜索窗口中的像素坐标，$I(x, y)$ 为该点在目标颜色概率分布中的亮度值。定义搜索窗口的零阶矩 M_{00} 和一阶矩 M_{01}、M_{10} 分别为：

$$M_{00} = \iint I(x, y) \, dx \, dy \qquad (4-16)$$

$$M_{10} = \iint x I(x, y) \, dx \, dy \qquad (4-17)$$

$$M_{01} = \iint y I(x, y) \, dx \, dy \qquad (4-18)$$

搜索窗口中质点的坐标为：

$$X_c = M_{10} / M_{00} \qquad (4-19)$$

$$Y_c = M_{01} / M_{00} \qquad (4-20)$$

若将坐标原点移至 (X_c, Y_c) 处，就得到了图像的中心矩：

$$U_{pq} = \iint (x - X_c)^p * (y - Y_c)^q * f(x, y) dx dy \qquad （4-21）$$

这些矩都满足图像平移、伸缩和旋转不变性。

CamShift可以分为两大部分，第一部分MeanShift查找目标（前一节），第二部分自适应调整搜索窗口的长、宽和方向。

当图像中的目标发生大小变化或转动时，根据 Camshift 算法，对搜索窗口中坐标进行二阶矩计算，通过寻找等价矩来确定转动后搜索窗口的位置和大小。

二阶矩 M_{20}、M_{02} 分别为：

$$M_{20} = \iint x^2 I(x, y) dx dy \qquad （4-22）$$

$$M_{02} = \iint y^2 I(x, y) dx dy \qquad （4-23）$$

$$M_{11} = \iint xy \, I(x, y) dx dy \qquad （4-24）$$

目标主轴方向角为：

$$\theta = \frac{\arctan\left(\dfrac{b}{a-c}\right)}{2} \qquad （4-25）$$

$$a = \frac{M_{20}}{M_{00}} - X_c^{\,2} \qquad （4-26）$$

$$b = 2\left(\frac{M_{11}}{M_{00}} - X_c Y_c\right) \qquad （4-27）$$

$$c = \left(\frac{M_{02}}{M_{00}} - Y_c^{\,2}\right) \qquad （4-28）$$

自适应计算出的下一次搜索窗口的宽和高分别为：

$$w = \sqrt{\frac{(a+c) - \sqrt{b^2 + (a-c)^2}}{2}} \qquad （4-29）$$

$$h = \sqrt{\dfrac{(a+c) + \sqrt{b^2 + (a-c)^2}}{2}} \qquad (4\text{--}30)$$

当搜索窗口的中心向质点位置移动时，如果它们之间的距离小于某一值，即可满足收敛条件。

由于目标运动的快速性和外界因素的影响，可能导致相邻的两帧图像中目标发生较大变化，或者当提取相隔多帧的图像时，运动目标改变较大。采用基本的 Camshift 算法可能无法准确地锁定目标。为了解决此问题，本文采用多次迭代 Camshift 算法更好地调整搜索窗口的大小，更准确地锁定目标的中心位置。

Camshift 具有实时性好的优点，但由于使用颜色直方图作为特征，不能有效处理遮挡问题，对于运动较快的目标、总体颜色分布相近的目标，容易出现目标丢失、跟错目标的现象。

4.3 粒子滤波

粒子滤波适用于一些非线性系统，这些非线性系统可以用状态空间进行描述，主要过程是利用非参数化的蒙特卡洛（Monte Carlo）来实现递推贝叶斯滤波，其精度较高，可以逼近最优估计。粒子滤波器算法较为简单，实现过程能较好地控制，是一种较为有效的解决非线性系统的方法，在很多领域都有应用。

4.3.1 贝叶斯滤波

这里假设动态系统的状态空间模型为：

$$x_k = f_k(x_{k-1}, v_{k-1})$$

$$z_k = h_k(x_k, u_k) \tag{4-31}$$

x_k 表示系统在 k 时刻所处的状态，z_k 表示 k 时刻的测量向量，两个函数 $f_k : \Re^{n_x} \times \Re^{n_v} \to \Re^{n_x}$ 和 $h_k : \Re^{n_x} \times \Re^{n_u} \to \Re^{n_z}$ 分别表示系统的状态转移函数和测量函数，v_k，u_k 分别表示系统的过程噪声以及测量噪声。为了描述方便，用 $X_k = x_{0:k} = \{x_0, x_1, \cdots, x_k\}$ 与 $Y_k = y_{1:k} = \{y_1, \cdots, y_k\}$ 分别表示 0 到 k 时刻所有的状态与观测值。在处理目标跟踪问题时，通常假设目标的状态转移过程服从一阶马尔可夫模型，即当前时刻的状态 x_k 只与上一时刻的状态 x_{k-1} 有关。另外一个假设为观测值相互独立，即观测值 y_k 只与 k 时刻的状态 x_k 有关。

贝叶斯滤波可以看成是一个概率推理过程，可以实现基于目标状态的估计问题，利用贝叶斯公式进行求解，然后得到后验概率密度 $p(X_k | Y_k)$ 或滤波概率密度 $p(x_k | Y_k)$，最后得到目标状态的最优估计。预测和更新是贝叶斯滤波的两个关键阶段，前者主要利用建立的系统模型来预测状态的先验概率密度，在更新过程中，需要利用获得的最新测量值修正先验概率密度，得到后验概率密度。

假设已知 $k-1$ 时刻的概率密度函数为 $p(x_{k-1} | Y_{k-1})$，贝叶斯滤波的具体过程如下：

（1）预测过程，由 $p(x_{k-1} | Y_{k-1})$ 得到 $p(x_k | Y_{k-1})$：

$$p(x_k, x_{k-1} | Y_{k-1}) = p(x_k | x_{k-1}, Y_{k-1}) p(x_{k-1} | Y_{k-1}) \tag{4-32}$$

当给定 x_{k-1} 时，状态 x_k 与 Y_{k-1} 相互独立，因此：

$$p(x_k, x_{k-1} \mid Y_{k-1}) = p(x_k \mid x_{k-1}) p(x_{k-1} \mid Y_{k-1}) \qquad (4\text{-}33)$$

上式两端对 x_{k-1} 积分，可得 Chapman-Komolgorov 方程。如下式所示：

$$p(x_k \mid Y_{k-1}) = \int p(x_k \mid x_{k-1}) p(x_{k-1} \mid Y_{k-1}) \mathrm{d}x_{k-1} \qquad (4\text{-}34)$$

（2）更新的过程中，由 $p(x_k \mid Y_{k-1})$ 得到 $p(x_k \mid Y_k)$：获取 k 时刻的测量 y_k 后，利用贝叶斯公式对先验概率密度进行更新，得到后验概率：

$$p(x_k \mid Y_k) = \frac{p(y_k \mid x_k, Y_{k-1}) p(x_k \mid Y_{k-1})}{p(y_k \mid Y_{k-1})} \qquad (4\text{-}35)$$

假设 y_k 只由 x_k 决定，即：

$$p(y_k \mid x_k, Y_{k-1}) = p(y_k \mid x_k) \qquad (4\text{-}36)$$

因此：

$$p(x_k \mid Y_k) = \frac{p(y_k \mid x_k) p(x_k \mid Y_{k-1})}{p(y_k \mid Y_{k-1})} \qquad (4\text{-}37)$$

其中，$p(y_k \mid Y_{k-1})$ 为归一化常数：

$$p(y_k \mid Y_{k-1}) = \int p(y_k \mid x_k) p(x_k \mid Y_{k-1}) \mathrm{d}x_k \qquad (4\text{-}38)$$

贝叶斯滤波求解过程中，通常用递推进行计算，然后得出后验（或滤波）概率密度函数的最优解。一般遵从极大后验（MAP）准则或最小均方误差（MMSE）准则，最后将条件均值或者极大后验概率密度作为系统状态的估计值，即得到如下方程：

$$\hat{x}_k^{MAP} = \arg \min_{x_k} p(x_k \mid Y_k) \qquad （4-39）$$

$$\hat{x}_k^{MMSE} = \mathrm{E}[f(x_k) \mid Y_k] = \int f(x_k) p(x_k \mid Y_k) \,\mathrm{d}\, x_k \qquad （4-40）$$

贝叶斯滤波求解的过程一般进行积分运算，因此，现有的非线性滤波器多采用近似的计算方法解决积分问题，以此来获取估计的次优解。Julier 与 Uhlmann 提出一种 Unscented Kalman 滤波器，其理论估计精度优于扩展 Kalman 滤波。基于蒙特卡洛模拟的粒子滤波器是另一种获取次优解的方案。

4.3.2　卡尔曼滤波

Kalman 滤波是卡尔曼（R.E.Kalman）于 1960 年提出，主要希望从与被提取信号的有关的观测量中，通过算法估计出所需信号的一种滤波算法。这里简单介绍一下其基本原理。

1. 卡尔曼滤波的基本原理

Kalman 滤波器[15-16]具有计算量小、存储量低、实时性高的优点。实际应用中，可以将卡尔曼滤波将状态空间理论引入到对物理系统的数学建模中。给需要计算的信号和噪声建立方程，用前一个估计值和最近一个观察值在线性无偏最小方差估计准则下对信号的当前值做出最优估计。

设一系统所建立的模型为：

状态方程，一个离散控制过程的系统：

$$X(k) = AX(k-1) + BU(k) + W(k) \qquad （4-41）$$

观测方程，系统的测量值：

$$Z(k) = HX(k) + V(k)$$
$$X(k|k) = X(k|k-1) + Kg(k)(Z(k) - H X(k|k-1)) \qquad (4\text{-}42)$$

上两式子中，A 和 B 是系统参数，$X(k)$ 是 k 时刻的系统状态，$U(k)$ 是 k 时刻对系统的控制量。$Z(k)$ 是 k 时刻的测量值，H 是测量系统的参数。$W(k)$ 和 $V(k)$ 分别表示过程和测量的噪声。它们被假设成高斯白噪声（White Gaussian Noise），其协方差分别是 Q，R。

首先利用过程模型预测下一状态的系统。假设当前系统状态是 k，根据该模型预测出现在状态：

$$X(k|k-1) = A X(k-1|k-1) + B U(k) \qquad (4\text{-}43)$$

式（4-43）中，$X(k|k\text{-}1)$ 是利用上一状态预测的结果，$X(k\text{-}1|k\text{-}1)$ 是上一状态最优的结果，$U(k)$ 为现在状态的控制量，如果没有控制量，它可以为 0。

用 P 表示协方差，对系统进行更新：

$$P(k|k-1) = A P(k-1|k-1) A' + Q \qquad (4\text{-}44)$$

A' 表示 A 的转置矩阵，Q 是系统过程的协方差，$P(k|k\text{-}1)$ 是 $X(k|k\text{-}1)$ 对应的协方差，$P(k\text{-}1|k\text{-}1)$ 是 $X(k\text{-}1|k\text{-}1)$ 对应的协方差，式（4-43）（4-44）是对系统的预测。

结合预测值和测量值，得到现在状态（k）的最优化估计：

$$X(k|k) = X(k|k-1) + Kg(k)(Z(k) - H X(k|k-1)) \qquad (4\text{-}45)$$

其中 Kg 为卡尔曼增益（Kalman Gain）：

$$Kg(k) = P(k|k-1) H' / (H P(k|k-1) H' + R) \qquad (4\text{-}46)$$

到目前为止，得到了 k 状态下最优的估算值 $X(k|k)$。更新 k 状态下 $X(k|k)$ 的方差：

$$P(k|k)=(I-Kg(k)H)\,P(k|k-1) \qquad (4-47)$$

其中 I 为 1 的矩阵，对于单模型单测量，$I=1$。当系统进入 $k+1$ 状态时，$P(k|k)$ 就是式子（4-44）的 $P(k-1|k-1)$。将算法自回归计算，直到满足要求。

总结以上内容，Kalman 滤波器实现的主要五个方程为：

（1）状态向量预报方程：

$$\tilde{X}'_k = A\tilde{X}_{k-1} \qquad (4-48)$$

（2）状态向量协方差预报方程：

$$P'_k = A_k P_{k-1} A_k^T + Q_{k-1} \qquad (4-49)$$

（3）Kalman 加权矩阵（或增益矩阵）：

$$K_k = P'_k H_k^T (H_k P'_k H_k^T + R_k)^{-1} \qquad (4-50)$$

（4）状态向量更新方程：

$$\tilde{X}_k = \tilde{X}'_k + K_k(Z_k - H_k \tilde{X}'_k) \qquad (4-51)$$

（5）状态向量协方差更新方程：

$$P_k = (I - K_k H_k)P'_k \qquad (4-52)$$

根据上述 5 个公式，得到如下算法流程：

（1）预估计：

$$\hat{X}(k) = F(k,k-1)X(k-1) \qquad (4-53)$$

（2）计算协方差矩阵：

$$\hat{C}(k) = F(k,k-1)C(k)F(k,k-1)' + T(k,k-1)Q(k)T(k,k-1)'$$

$$（4-54）$$

$$Q(k) = U(k)U(k)'$$

$$（4-55）$$

（3） 计算增益矩阵：

$$K(k) = \hat{C}(k)H(k)'[H(k)\hat{C}(k)H(k)' + R(k)]^{(-1)}$$

$$（4-56）$$

$$R(k) = N(k) \times N(k)'$$

$$（4-57）$$

（4） 更新：

$$\tilde{X}(k) = \hat{X}(k) + K(k)[Y(k) - H(k)\hat{X}(k)]$$

$$（4-58）$$

（5） 计算更新后估计协方差矩阵：

$$\tilde{C}(k) = [I - K(k)H(k)]\hat{C}(k)[I - K(k)H(k)]' + K(k)R(k)K(k)'$$

$$（4-59）$$

（6） $X(k+1) = \tilde{X}(k)$ $\qquad$ $$（4-60）$$

$$C(k+1) = \tilde{C}(k)$$

$$（4-61）$$

重复上述步骤。

2. 卡尔曼滤波在目标追踪中的应用

在运动跟踪领域中，摄像机相对于目标物体运动有时属于非线性系统，但由于在一般运动跟踪问题中，图像采集时间间隔不长，可近似将其看作匀速运动，可以利用卡尔曼滤波器来实现对运动目标参数的估计。

对于复杂背景的情况，算法的实时控制要求较高，准确率的提高符合实时性要求。全局搜索时面对如下困难：一是计算量大、耗时、无法满足实时性；二是抗干扰能力差，背景中相似特征物体的干扰影响较大。卡尔曼滤波器将全局搜索问题转化为局部搜索，搜索范围进行了有效缩小，算法的实时性得到了提高。

在运动目标的跟踪过程中，由于可以看作匀速运动，所以可以采用位置和速度来表示目标的运动状态。为了简化运算，可以设计两个卡尔曼滤波器分别描述目标在 X 轴和 Y 轴方向上位置和速度。

目标物体运动方程可建立如下方程：

$$\begin{cases} x_{k+1} = x_k + v_k T \\ v_{k+1} = v_k + a_k T \end{cases} \tag{4-62}$$

式中 x_k，v_k，a_k 分别为目标在 $t=k$ 时刻的 X 轴方向的位置、速度和加速度；T 为 k 帧图像和 $k+1$ 帧图像之间的时间间隔，$a_k T$ 可以当作白噪声处理。写成矩阵形式如下：

系统状态方程为：

$$\begin{pmatrix} x_{k+1} \\ v_{k+1} \end{pmatrix} = \begin{pmatrix} 1 & T \\ 0 & 1 \end{pmatrix} \begin{pmatrix} x_k \\ v_k \end{pmatrix} + \begin{pmatrix} 0 \\ a_k T \end{pmatrix} \tag{4-63}$$

系统状态矢量为：

$$X_k = [x_k + v_k]^T \tag{4-64}$$

状态转移矩阵为：

$$H(k) = \begin{pmatrix} 1 & T \\ 0 & 1 \end{pmatrix} \tag{4-65}$$

系统动态噪声矢量为：

$$w_k = \begin{pmatrix} 0 \\ a_k T \end{pmatrix} \tag{4-66}$$

系统观测方程为：

$$x_{k+1} = \begin{pmatrix} 1 & 0 \end{pmatrix} \begin{pmatrix} x_k \\ v_k \end{pmatrix} \qquad (4\text{-}67)$$

卡尔曼滤波器系统观测矢量为：

$$Z_k = x_k \qquad (4\text{-}68)$$

观测系数矩阵为：

$$H_k = \begin{bmatrix} 1 & 0 \end{bmatrix} \qquad (4\text{-}69)$$

由观测方程可知，观测噪声为 0，所以 $R_k = 0$。

上述系统状态方程和观测方程建立了之后，利用卡尔曼滤波递推，预测目标在下一帧中的位置。在 $t=k$ 时刻，对第 k 帧图像利用目标识别算法识别出的目标位置记为 x_k，当目标首次出现时，根据此时目标的观测位置初始化滤波器 $\widetilde{X}'_0 = [x_0, 0]$。

系统初始状态向量协方差矩阵可以在对角线上取较大值，取值根据实际测量获得：

$$P_0 = \begin{pmatrix} 10 & 0 \\ 0 & 10 \end{pmatrix} \qquad (4\text{-}70)$$

系统动态噪声协方差 Q_0 为：

$$Q_0 = \begin{pmatrix} 10 & 0 \\ 0 & 10 \end{pmatrix} \qquad (4\text{-}71)$$

通过式（4-62）至式（4-69），计算得到目标在下一帧图像中的预测位置 $\widetilde{X}'_1$。在该位置附近，对下一帧图像进行局部搜索，识别出的目标质心位置即为 Z_1，完成对状态向量和状态向量协方差矩阵的更新，为目标位置的下一步预测做好准备，得出新的预测位置 $\widetilde{X}'_2$，采用图像处理算法，在该位置进行局部搜索，从而得出新的目标质心位置 Z_2，一直迭代计算下去，从而实现对目标物体的跟踪。

简化计算得到以下的实际编程公式：

（1）状态向量预报方程：

$$\widetilde{X}'_k = A\widetilde{X}_{k-1} \tag{4-72}$$

简化：
$$X_y = X_{b1} + V_{b1}T \tag{4-73}$$

$$V_y = V_{b1} \tag{4-74}$$

（2）状态向量协方差预报方程：

$$P'_k = A_k P_{k-1} A_k^T + Q_{k-1} \tag{4-75}$$

简化：

$$P_y = \begin{pmatrix} P_{y1} & P_{y2} \\ P_{y3} & P_{y4} \end{pmatrix} = \begin{pmatrix} 1 & T \\ 0 & 1 \end{pmatrix} \begin{pmatrix} P_{(b-1)1} & P_{(b-1)2} \\ P_{(b-1)3} & P_{(b-1)4} \end{pmatrix} + Q \tag{4-76}$$

（3）Kalman 加权矩阵（或增益矩阵）：

$$K_k = P'_k H_k^T (H_k P'_k H_k^T + R_k)^{-1} \tag{4-77}$$

简化：
$$K_g = \begin{pmatrix} K_{g1} \\ K_{g2} \end{pmatrix} \tag{4-78}$$

$$K_{g1} = P_{y1} / (P_{y1} + R) \tag{4-79}$$

$$K_{g2} = P_{y3} / (P_{y1} + R) \tag{4-80}$$

（4）状态向量更新方程：

$$\widetilde{X}_k = \widetilde{X}'_k + K_k(Z_k - H_k\widetilde{X}'_k) \tag{4-81}$$

简化：

$$X_b = X_y + K_{g1}\left(X_{new} + X_y\right) \tag{4-82}$$

$$b = V_y + K_{g2}\left(X_{new} + X_y\right) \tag{4-83}$$

（5）状态向量协方差更新方程：

$$P_k = (I - K_k H_k)P_k' \tag{4-84}$$

简化： $$P_{b1} = \left(1 - K_{g1}\right)P_{y1} - K_{g1}P_{y3} \tag{4-85}$$

$$P_{b2} = \left(1 - K_{g1}\right)P_{y2} - K_{g1}P_{y4} \tag{4-86}$$

$$P_{b3} = \left(1 - K_{g1}\right)P_{y3} - K_{g1}P_{y1} \tag{4-87}$$

$$P_{b4} = \left(1 - K_{g1}\right)P_{y4} - K_{g1}P_{y2} \tag{4-88}$$

4.3.3 粒子滤波

Gordon 提出了粒子滤波算法，它是一种近似的贝叶斯解决方法，其基本思想是构造一个基于样本的后验概率密度函数。用 $\{x_{0:k}^i, w_k^i\}_{i=1}^N$ 表示系统后验概率密度函数 $p(x_{0:k} \mid z_{1:k})$ 的粒子集合，其中 $\left\{x_{0:k}^i, i=1,\cdots,N\right\}$ 是支持样本集，相应的权值为 $\left\{w_k^i, i=1,\cdots,N\right\}$，且满足 $\sum_{i=1}^N w_k^i = 1$，而 $x_{0:k} = \left\{x_j, j=1,\cdots,k\right\}$ 表示到时刻 k 系统所有状态的集合，所以时刻 k 的后验密度可以近似表示为：

$$p(x_{0:k} \mid z_{1:k}) \approx \sum_{i=1}^N w_k^i \delta(x_{0:k} - x_{0:k}^i) \tag{4-89}$$

于是就有了一种表示真实后验密度 $p(x_{0:k} \mid z_{1:k})$ 的离散带权近似表示，而那些关于数学期望的复杂计算（通常带有复杂的积分运算）就可以简化为和运算了，如：

$$E(g(x_{0:k})) = \int g(x_{0:k})p(x_{0:k} \mid z_{1:k})dx_{0:k} \qquad (4\text{-}90)$$

可以近似为：

$$E\big(g(x_{0:k})\big) = \sum_{i=1}^{N} w_k^i g(x_{0:k}^i) \qquad (4\text{-}91)$$

粒子滤波器依赖于重要采样技术，粒子权值就是根据重要采样技术来选择的。如果根据重要密度 $q(x_{0:k} \mid z_{1:k})$ 选择粒子，粒子的权值定义为：

$$w_k^i \propto \frac{p(x_{0:k}^i \mid z_{1:k})}{q(x_{0:k}^i \mid z_{1:k})} \qquad (4\text{-}92)$$

在时刻 k-1，如果已经得到 k-1 时刻后验密度 $p(x_{0:k-1}^i \mid z_{1:k-1})$ 的近似表示的粒子集合，下一步就是用一个新的粒子集合来近似表示 k 时刻的后验密度 $p(x_{0:k}^i \mid z_{1:k})$。为了得到一种递归的表示方法，可以将选择的重要密度函数因式分解为：

$$q(x_{0:k} \mid z_{1:k}) = q(x_k \mid x_{0:k-1}, z_{1:k})q(x_{0:k-1} \mid z_{1:k-1}) \qquad (4\text{-}93)$$

然后，通过将获得的新状态 $x_k^i \sim q(x_{0:k} \mid x_{0:k-1}, z_{1:k})$ 加入已知的粒子集合 $x_{0:k-1}^i \sim q(x_{0:k-1} \mid z_{1:k-1})$ 中，在此过程中得到新的粒子集合 $x_{0:k}^i \sim q(x_{0:k} \mid z_{1:k})$。根据贝叶斯规则，可以得到权值更新方程如下：

$$p(x_{0:k} \mid z_{1:k}) = \frac{p(z_k \mid x_{0:k}, z_{1:k-1})p(x_{0:k} \mid z_{1:k-1})}{p(z_k \mid z_{1:k-1})}$$

$$= \frac{p(z_k \mid x_{0:k}, z_{1:k-1})p(x_k \mid x_{0:k-1}, z_{1:k-1})p(x_{0:k-1} \mid z_{1:k-1})}{p(z_k \mid z_{1:k-1})}$$

$$= p(x_{0:k-1} \mid z_{1:k-1})\frac{p(z_k \mid x_k)p(x_k \mid x_{k-1})}{p(z_k \mid z_{1:k-1})}$$

$$\propto p(z_k \mid x_k)p(x_k \mid x_{k-1})p(x_{0:k-1} \mid z_{1:k-1}) \qquad (4\text{-}94)$$

将（4-94）和（4-93）代入（4-92），得到权值更新方程如下：

$$w_k^i \propto \frac{p(z_k \mid x_k^i)p(x_k^i \mid x_{k-1}^i)p(x_{0:k-1}^i \mid z_{1:k-1})}{q(x_k^i \mid x_{0:k-1}^i, z_{1:k})q(x_{0:k-1}^i \mid z_{1:k-1})}$$

$$\propto w_{k-1}^i \frac{p(z_k \mid x_k^i)p(x_k^i \mid x_{k-1}^i)}{q(x_k^i \mid x_{0:k-1}^i, z_{1:k})}$$

为了得到一种更为简单的形式，假设：

$$q(x_k \mid x_{0:k-1}, z_{1:k}) = q(x_k \mid x_{k-1}, z_k)$$

即假设方程（4-89）所描述的是一个一阶马尔可夫过程，这就意味着重要密度只取决于 x_{k-1} 和 z_k，因此，修正的权值为：

$$w_k^i \propto w_{k-1}^i \frac{p(z_k \mid x_k^i)p(x_k^i \mid x_{k-1}^i)}{q(x_k^i \mid x_{k-1}^i, z_k)} \text{。}$$

标准的粒子滤波算法流程为：

1.粒子集初始化，$k = 0$：

对于 $i = 1, 2, \cdots, N$，由先验 $p(x_0)$ 生成采样粒子 $\{x_0^{(i)}\}_{i=1}^N$；

2.对于 $k = 1, 2, \cdots$，循环执行以下步骤：

（1）重要性采样：对于 $i = 1, 2, \cdots, N$，从重要性概率密度中生成采样粒子 $\{\tilde{x}_k^{(i)}\}_{i=1}^N$，计算粒子权值 $\tilde{w}_k^{(i)}$，并进行归一化；

（2）重采样：对粒子集 $\{\tilde{x}_k^{(i)}, \tilde{w}_k^{(i)}\}$ 进行重采样，重采样后的粒子集为 $\{x_k^{(i)}, 1/N\}$；

（3）输出：计算 k 时刻的状态估计值：$\hat{x}_k = \sum_{i=1}^N \tilde{x}_k^{(i)} \tilde{w}_k^{(i)}$。

退化问题是基本粒子滤波算法的一个主要问题，即算法迭代几步以后，极少数粒子权值能够保持，其他的粒子权值逐渐变小最后可忽略不计。选择好的重要密度函数和再采样技术是减少退化现象影响的方法。再采样方法就是复制权值较大的粒子，去除那些权值较小的粒子。目前存在多种这样的算法，如残差采样、最小方差采样、多项式采样等。

参考文献

[1] ALPER YILMAZ, OMAR JAVED, MUBARAK SHAH. Object Tracking: A Survey [J]. ACM Computing Surveys, 2006, 38(4): 13-58.

[2] 邱双忠. 视频图像中运动目标跟踪有关算法的研究[D]. 武汉：武汉理工大学，2008.

[3] WEIYU ZHU, STEPHEN LEVINSON. Edge Orientation-Based Multi-View Object Recognition [C]. //Proceedings of 15th International Conference on Pattern Recognition, 2000, 1(1): 936 - 939.

[4] DORIN COMANICIU, VISVANATHAN RAMESH, PETER MEER. Kernel-Based Object Tracking [J]. IEEE Transactions on Pattern Analysis and Machine Intelligence, 2003, 25(5): 564-577.

[5] JONH CANNY. A Computational Approach to Edge Detection [J]. IEEE Transactions on Pattern Analysis and Machine

Intelligence, 1986, 8(6): 679-698.

[6] 卢瑜，郝兴文，王永俊. Moravec 和 Harris 角点检测方法比较研究[J]. 计算机技术与发展，2011，21（6）：95-97.

[7] DAVID G.LOWE. Object recognition from local scale-invariant feature[C]. //IJCV, Corfu, Greece, 1999: 1150-1157.

[8] 朱胜利，朱善安，李旭超. 快速运动目标的 Meanshift 跟踪算法[J]. 光电工程，2006，33（5）：66-70.

[9] 朱胜利. Meanshift 及相关算法在视频跟踪中的研究[D]. 杭州：浙江大学，2006.

[10] DORIN COMANICIU, VISVANATHAN RAMESH, PETER MEER. Real-time Tracking of Non-rigid Objects Using Meanshift[C]. //Proceedings of IEEE Conference on Computer Vision and Pattern Recognition, 2000: 142–149.

[11] BOGDAN GEORGESCU, ILAN SHIMSHONI, PETER MEER. Meanshift Based Clustering in High Dimensions: A Texture Classification Example[C]. //Proceedings of Ninth IEEE International Conference on Computer Vision, 2003, 1: 456-463.

[12] RYMEL J, RENNO J, GREENHILL D, ORWELL J, JONES G.A. Adaptive Eigen-backgrounds for object detection [C]. //International Conference on Image Processing, 2004, 3: 1847-1850.

[13] ZHOU ZHIYU, WANG YAMING, HUANG WENQING. Moving Object Tracking Based on Dynamic Image Sequence[J]. Transaction of Zhejiang Institute of Engineering, 2002, 19(3): 165-170.

[14] BENEDICTE BASCLE, RACHID DERICHE. Region tracking through image sequences[C]. //Proceedings of Fifth International Conference on Computer Vision, 1995: 302-307.

[15] 刘惟锦，章毓晋. 基于 Kalman 滤波和边缘直方图的实时目标跟踪[J]. 清华大学学报，2008，48（7）：1104-1107.

[16] SIMON J. JULIER, JEFFREY K. UHLMANN. New extension of the Kalman filter to nonlinear systems[C]. //Proc. SPIE 3068, Signal Processing, Sensor Fusion, and Target Recognition VI, (28 July 1997).

[17] D.M. GAVRILA. The analysis of human motion and its application for visual surveillance[C]. //Second IEEE Workshop on Visual Surveillance, 1999: 3-5.

[18] ZHENGYOU ZHANG. Determining the Epipolar Geometry and its Uncertainty: A Review [J]. International Journal of Computer Vision, 1998, 27(2):161－198.

[19] ZHENGYOU ZHANG. A Flexible New Technique for Camera Calibration [J]. IEEE Transactions on Pattern Analysis and Machine Intelligence, 2000, 22(11): 1330-1334.

[20] 侯志强，韩崇昭. 视觉跟踪技术综述[J]. 自动化学报，2006，32（4）：603-617.

[21] 张娟，毛晓波，陈铁军. 运动目标跟踪算法研究综述[J]. 计算机应用研究，2009，26（12）：4407-4410.

第5章 运动目标匹配

5.1 引言

图像匹配是将同一空间物理点在不同视点投影图像中的映像点对应起来，是双目视觉系统非常关键的部分[1]。但由于图像匹配涉及问题太多，至今没有一种方法可以完美的解决图像匹配问题，在理论和技术上都存在很多问题，比如：如何建立更加有效的图像表达形式和双目视觉模型，以便更充分地反映景物的本质特征，为匹配提供更多的约束信息，降低图像匹配难度等；如何选择有效的匹配准则（相似度函数是准则的一种体现形式），以降低匹配的复杂性提高匹配的准确性；如何优化匹配算法，在保证算法的鲁棒性的情况下，提高算法的实时性等。在双目视觉跟踪系统中，运动目标的匹配显得尤其重要，能否快速实现运动目标匹配成为实时跟踪非常关键的问题。

5.2 图像匹配常用方法

根据匹配算法使用的约束信息不同，图像匹配算法总体上分为局域匹配算法和全局匹配算法。局域算法利用的是对应点本身以及邻近局部区域的约束信息，涉及信息量较少，相应的计算复杂度较低、效率高，但对局部的一些由于遮挡和纹理单一等造成的模糊比较敏感、易造成误匹配。全局算法利用了图像的全局约束信息，对局部图像的模糊不敏感，但计算代价相对于局部匹配高出很多[2]。

5.2.1　局部匹配算法

局部匹配算法[1-3]根据匹配基元的不同，通常可分为基于图像灰度（区域）的匹配、基于图像特征的匹配和基于图像相位的匹配三大类方法。

1. 基于灰度（区域）匹配算法

该方法是利用图像的回复信息进行匹配，当图像检测对象表明较为光滑或者纹理特征比较明显的情况下使用较多，可以利用相关度进行判断。其稠密深度图也可以通过区域匹配获得。当检测区域不能存在纹理时，匹配方法由于相关函数响应能力较弱，深度的不连续性不够明显，从而影响了匹配的精度，同时该方法计算量较大，影响了其实际应用的范围。

2. 基于特征匹配算法

特征匹配主要基于图像的几何特征，基于几何不变性原理，提取图像的几何特征，如边缘、角点、轮廓、拐点、线段等，对图像进行匹配，但由于几何特征的稀疏性，特征匹配只能得到稀疏的视差图，需要通过内插方法才能得到稠密的深度图；特征匹配以几何特征为基元，克服了区域匹配算法对深度不连续和无纹理区域敏感的缺点，不易受光线的影响，鲁棒性较好，而且，计算量小，速度快。

3．基于相位匹配算法

相位匹配算法基于傅立叶平移定理，对带通滤波信号相位信息进行处理而得到像对间的视差，本质就是寻找局部相位相等的对应点，与上述两类方法相比，作为匹配基元的相位信息本身反映了信号的结构信息，能有效抑制图像的高频噪声和畸变，该类算法可获得亚像素级精度的致密视差。

5.2.2 全局匹配算法

全局匹配算法[2-4]的关键点在于既要定义一个好的目标函数，又要提供一个行之有效的计算方法去寻找全局或局部最小值。全局匹配算法主要由匹配代价计算和视差计算构成，优点在于给出了两幅或多幅图像重叠区域中绝大部分像素的视差值，缺点是仍会产生一些误匹配。主要有动态规划的算法和图切割算法。

1．动态规划的算法

作为最常用的全局匹配算法，动态规划算法的本质是在左右图像对应扫描线上寻找最小匹配代价路径，主要是化整为零，将整个求解过程划分成子过程，然后对子过程进行处理。整个过程涉及顺序约束和连续性约束，对降低算法复杂度非常有效，另外，动态规划算法为局部无纹理区域提供了全局支持，对于匹配精确度的提高非常有帮助，能够有效处理因局部纹理单一而造成的匹配错误，但容易因局部的噪声而造成误差传播，形成条纹瑕疵，且不能很有效地融合水平和垂直方向的连续性约束。

2．图切割算法

这种算法的基本思想是将图像映射为一个网格图，然后将图像匹配问题转化为一种能量函数，根据能量函数构造合适的图，通过最小分割方法寻找网络的最大流，把寻找全局最优深度值转换成能量函数最小化问题。图切割算法可以有效地融合竖直和水平方向上的连续性约束，是图像匹配算法中目前处理效果最好的，但和其他算法相比，该算法复杂度也相对较高。

跟踪系统对算法的实时性要求较高，本书主要关注局部算法，重点研究跟踪系统中目标匹配算法。下面对三大类局部匹配算法进行详细阐述。在介绍匹配算法之前，首先介绍常用的几种相似性准则（相似性测度函数）。

5.3　相似性测度函数比较研究

随着科技的不断发展，人们对自然和社会的认识不断深入，要处理的数据和信息也变得非常复杂。为使处理变得简便，通常把相似的事物归为一类。相似性测度函数适用于比较一些图像、数据或信息相似性程度的一类函数，在计算机视觉、模式识别、数据挖掘等众多研究领域有着非常重要的意义。相似性测度函数主要分为距离测度和相关测度两类，本小节对两类相似性测度的应用频率进行了统计，从数学角度对应用频率高的测度函数的直观意义进行了研究，比较了各测度函数的优缺点，并探讨了相似性测度函数各参数变量在图像匹配中的具体意义，最后基于模板匹配算法对应用频率高的测度函数的实时性进行了仿真比较。

5.3.1　相似性测度函数应用统计

在比较两组数据相似性程度时，通常将数据转化为向量形式，如将数据转化为：$\boldsymbol{X}=(x_1,x_2,\cdots\cdots x_N)$，$\boldsymbol{Y}=(y_1,y_2,\cdots\cdots y_N)$，通过

计算向量的距离或相关度来比较数据的相似性程度。相似性测度函数基本分为两类，衡量数据差异度的距离度量函数和衡量数据相似度的相关度量函数。

距离测度以两个向量矢端的距离为基础，是两个向量各对应分量之差的函数，两个数据越相似，其距离测度值越小，主要有欧氏（Euclidean）距离、曼哈顿（Manhattan）距离、切比雪夫（Chebyshev）距离、闵可夫斯基（Minkowski）距离、马氏（Mahalanobis）距离、兰氏（Lance）距离等，其中前三种距离函数为当 k 取 1、2 和无穷大时闵可夫斯基距离的特殊形式。

相关函数以两个向量的方向为基础，不考虑向量的大小，两个向量越相似，其相似性测度值越大，主要有夹角余弦、相关系数等，其中相关系数为标准化的夹角余弦。通常可根据应用场景的不同，选择相应的距离函数或相关函数作为相似性测度，以达到较好的描述效果。通过大量查阅文献，各测度函数的应用统计如表5-1所示。

其中，相关系数函数公式中 $\bar{x}$、$\bar{y}$ 分别为：$\bar{x} = \dfrac{1}{N}\sum_{i=1}^{N}x_i$，$\bar{y} = \dfrac{1}{N}\sum_{i=1}^{N}y_i$。

从表5-1统计结果可看出，距离测度中欧氏距离、曼哈顿距离，相关测度中相关系数使用频率较高，下面对这三种测度函数进行深入分析研究。

表 5-1　几种经典的相似性测度函数应用统计

Tab.5-1　The statistic of several kinds of classical similarity measure function

度量方法		函数公式	使用次数
距离测度	欧氏距离	$\sqrt{\sum_{i=1}^{N}(x_i-y_i)^2}$	7
	曼哈顿距离	$\sum_{i=1}^{N}\lvert x_i-y_i\rvert$	6
	切比雪夫距离	$\max\lvert x_i-y_i\rvert$	1
	闵可夫斯基距离	$\left(\sum_{i=1}^{N}\lvert x_i-y_i\rvert^k\right)^{\frac{1}{k}}$	1
	马氏距离	$\sqrt{(X-Y)^T\sum^{-1}(X-Y)}$	3
	兰氏距离	$\sum_{i=1}^{N}\dfrac{x_i-y_i}{x_i+y_i}$	1
相关测度	夹角余弦	$\dfrac{\sum_{i=1}^{N}x_iy_i}{\sqrt{\left[\sum_{i=1}^{N}x_i^2\right]\left[\sum_{i=1}^{N}y_i^2\right]}}$	2
	相关系数	$\dfrac{\sum_{i=1}^{N}(x_i-\bar{x})(y_i-\bar{y})}{\sqrt{\left[\sum_{i=1}^{N}(x_i-\bar{x})^2\right]\left[\sum_{i=1}^{N}(y_i-\bar{y})^2\right]}}$	6

5.3.2　几种典型测度函数分析研究

1．欧氏距离函数

对于距离测度函数，数据越相似，函数值越小，设向量 $X=(x_1,x_2,\cdots,x_N)$ 和 $Y=(y_1,y_2,\cdots,y_N)$ 的距离为 $d(X,Y)$，距离测度都满足如下条件：

（1）$d(X,Y)\geq 0$，当且仅当 $X=Y$ 时，等号成立；

（2）$d(X,Y)=d(Y,X)$；

（3） $d(X,Y) \leq d(X,Z) + d(Z,Y)$。

欧氏距离又称为欧几里得度量或欧几里得距离，是一种非常易于理解的距离计算方法，源自欧氏空间中两点间的距离公式。函数公式为：

$$d_1 = \sqrt{\sum_{i=1}^{N}(x_i - y_i)^2} \tag{5-1}$$

几何意义如图5-1所示。

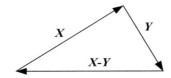

图5-1　**X-Y**的模为**X**和**Y**的欧氏距离

Fig.5-1　The length of **X-Y** is the Euclidean distance of **X** and **Y**

从数学角度分析，欧氏距离即为计算两向量的差矢量模。当坐标轴进行正交旋转时，欧氏距离保持不变，因而，对原坐标系进行平移和旋转处理后，数据仍然能够保持原来的相似结构。另外，欧氏距离在一定程度上放大了较大元素误差在距离测度中的作用，且计算复杂度为 $O(N^2)$，相对较低，在各个领域应用广泛，尤其是在图像匹配研究领域，对图像的旋转的平移有很好的容忍性，能克服孤立点、边缘点造成的较大误差。

2. 曼哈顿距离函数

曼哈顿距离又称为城市街区距离（City Block distance），由规划方形建筑区块城市（如曼哈顿）间最短的行车路径而来。函数公式为：

$$d_2 = \sum_{i=1}^{N} |x_i - y_i| \qquad (5\text{-}2)$$

欧氏距离和曼哈顿距离几何意义的对比如图5-2所示，欧氏距离函数值明显小于曼哈顿距离。

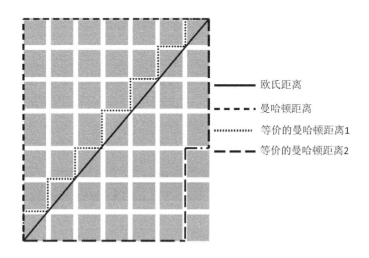

图5-2　曼哈顿距离与欧氏距离对比

Fig.5-2　The compartment of Euclidean distance and Manhattan distance

从数学角度分析，曼哈顿距离即为计算两向量的差矢量绝对和，也就是欧氏空间两点所形成线段对坐标轴产生的投影的距离总和。曼哈顿距离函数计算复杂度为 $O(N \log_2 N)$，低于欧氏距离函数，但函数值依赖坐标系统的转度，且对于向量中每个元素的误差都同等对待，所以在判断相似性程度时，不能很好地剔除误差较大的元素在距离测度中的应用。由于其计算复杂度低，在图像匹配研究领域应用广泛，能快速实现图像匹配。

3．相关系数函数

相关系数是多元统计学中用来衡量两组变量之间线性相关程度的一种方法，取值范围是[-1，1]。相关系数的绝对值越大，表明变量相关度越高。当两变量线性相关时，相关系数取值为1（正线性相关）或-1（负线性相关）。函数公式为：

$$d_3 = \left.\sum_{i=1}^{N}(x_i - \overline{x})(y_i - \overline{y}) \middle/ \sqrt{\left[\sum_{i=1}^{N}(x_i - \overline{x})^2\right]\left[\sum_{i=1}^{N}(y_i - \overline{y})^2\right]} \right. \qquad (5\text{-}3)$$

若令 $\overline{\boldsymbol{X}} = (\overline{x}, \overline{x}, \overline{x}, \cdots, \overline{x})$，$\overline{\boldsymbol{Y}} = (\overline{y}, \overline{y}, \overline{y}, \cdots, \overline{y})$，记 $\boldsymbol{X'} = (\boldsymbol{X} - \overline{\boldsymbol{X}})$，$\boldsymbol{Y'} = (\boldsymbol{Y} - \overline{\boldsymbol{Y}})$，则：

$$d_3 = \left. \boldsymbol{X'Y'} \middle/ \sqrt{|\boldsymbol{X'}|^2 |\boldsymbol{Y'}|^2} \right. = \left. |\boldsymbol{X'}||\boldsymbol{Y'}|\cos\varphi \middle/ |\boldsymbol{X'}||\boldsymbol{Y'}| \right. = \cos\varphi \qquad (5\text{-}4)$$

其中，φ 是 $\boldsymbol{X}$ 和 $\boldsymbol{Y}$ 的中心化矢量 $\boldsymbol{X'}$ 与 $\boldsymbol{Y'}$ 的夹角。

从数学角度分析，相关系数为标准化的夹角余弦，它表示两个向量的线性关系强弱的一个度量。相关系数对数据进行了归一化处理，忽略各个向量的绝对长度，着重从形状方面考虑它们之间的关系，因此具有旋转、放大、缩小的不变性，鲁棒性强。在进行相似性判断时，其函数值越大，表示两者越接近。但相对于欧氏距离和曼哈顿距离，计算复杂度明显提高，相应的计算量较大，需要较大的内存开销，适合用在复杂环境下要求精度高的场合。

总之，这三类测度函数相对其他距离测度和相关测度有一定的优越性，在比较数据的相似性时，实时性或鲁棒性较强，从而在相关领域应用较为广泛。

5.3.3 相似性测度函数在图像匹配中的比较研究

图像匹配算法的实质是估计待匹配点和目标匹配点之间的相似性程度，所以相似性测度函数在图像匹配领域占有非常关键的地位，其合理性直接影响匹配的精度和效率。

1. 测度函数中变量参数在图像匹配中的意义

在图像匹配领域，欧氏距离的平方即为常用的差平方和测度函数（Sum of Square Difference，SSD），曼哈顿距离即为差绝对和测度函数（Sum of Absolute Difference，SAD），相关系数即为归一化互相关测度函数（Normalized-Prod，N-Prod）。

对于基于灰度的图像匹配，由于单个像素点包含的信息太少，所以只依据单个像素点信息建立度量方法进行匹配可靠性较差。为了提高相似性度量方法的可靠性，一般需要在匹配点上的一个小邻域内的像素点集合中进行。设图像 X_0 和 Y_0 分别为待匹配图像和目标图像的一个灰度窗口，窗口表示如下：

$$\begin{bmatrix} x_{11} & x_{12} & \cdots & x_{1n} \\ x_{21} & x_{22} & \cdots & x_{2n} \\ \vdots & \vdots & \vdots & \vdots \\ x_{m1} & x_{m2} & \cdots & x_{mn} \end{bmatrix} \begin{bmatrix} y_{11} & y_{12} & \cdots & y_{1n} \\ y_{21} & y_{22} & \cdots & y_{2n} \\ \vdots & \vdots & \vdots & \vdots \\ y_{m1} & y_{m2} & \cdots & y_{mn} \end{bmatrix} \tag{5-5}$$

将图像窗口 X_0 和 Y_0 中的灰度值分别拉伸为一行，都构成一个 $N = m \times n$ 维的向量：$X = (x_1, x_2, \cdots, x_N)$ 和 $Y = (y_1, y_2, \cdots, y_N)$。即 X 和 Y 分别表示灰度窗口拉伸成的多维向量，一般定义为目标向量和搜索向量，x_i、y_i 分别表示灰度窗口中相应点的图像灰度值，N 表示图像窗口的像素值。

对于基于特征的匹配，X、Y 则分别表示对目标图像和待匹配图像提取的特征，x_i、y_i 分别表示描述特征的变量参数，N 为描述特征变量参数的维数。

2．实验与分析

为研究以上三种相似性测度函数实时性，本文通过基于模板匹配方法对以上三种常用的相似性度量进行了仿真比较。

实验以 Matlab R2013a 为仿真平台，运行于 CPU 为 Intel Core i5-3210M 2.5GHz，内存为 4GB，操作系统为 Windows7 的参数环境下。选择 Lena 图像为匹配图，大小为 256mm×256mm，模板图大小为 128mm×128mm，如图 5-3（a）、（b）所示，匹配结果如图 5-3（c）所示。三种测度函数实时性对比数据如表 5-2 所示。

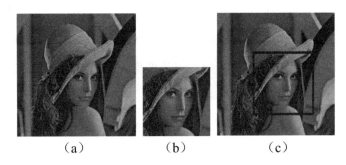

（a）　　　　　　（b）　　　　　　（c）

图5-3　匹配图、模板图与匹配结果图。（a）匹配图；

（b）模板图；（c）匹配结果图

Fig.5-3　The Matching figure，the template figure，and the results figure of matching.（a）is the Matching figure;（b）is the template figure;（c）is the results figure of matching

表 5-2　各测度函数匹配时间

Tab.5-2　The matching time of similarity measure functions

	欧氏距离	曼哈顿距离	相关系数
匹配时间（s）	1.785942	1.590069	5.079148

实验中，经过多次调整，欧氏距离的阈值定为 500，曼哈顿距离的阈值为 2000，相关系数的阈值为 0.9，表 5-2 中为匹配所用时间，得欧氏距离测度、曼哈顿距离测度相对于相关系数测度速度上要快，曼哈顿距离测度速度略高于欧氏距离，对于实时性要求高的场合，曼哈顿距离为最佳选择。

相似性测度函数是计算机视觉、模式识别等相关领域中重要的研究内容，已出现较多的研究成果，但在实际使用过程中，经过相关文献调查统计，发现三种较为常用的测度函数，即欧氏距离、曼哈顿距离和相关系数。本书详细分析了这三种测度函数的直观意义，比较了各测度函数的优缺点，阐述了测度函数中各变量在图像匹配中的具体意义，最后基于模板匹配算法对三种测度函数的实时性进行了仿真比较，得出曼哈顿距离实时性最好，欧氏距离次之，相关系数最差。本章节为以下三章节打下了基础，下面对三类典型的匹配算法进行详细描述。

5.4　基于灰度（区域）的匹配算法

灰度匹配的基本思想是以统计的观点将图像看成是二维信号，采用统计相关的方法寻找信号间的相关匹配，本质上是基于光度测量学不变性原理的区域匹配算法。不同算法的区别主要体现在模板及相关准则的选择方面[5]，这种方法一般匹配率高，可以得到较稠密的视差图，但计算量大，速度较慢，且对无纹理区域和深度不连续区域以及遮挡区域匹配不能取得较为精确的匹配结果。

下面介绍几种基于灰度信息的匹配方法。

5.4.1 序贯相似性检测算法

1. 传统的模板匹配算法[6]

模板匹配主要是分析研究一幅图像中是否存在某种已知的模板图像，假设搜索图为 S，模板图为 T，如图 5-4 所示，并设模板 T 叠放在搜索图 S 上，从左上角到右下角进行平移，模板覆盖下的图为子图 $S^{i,j}$。

定义模板 T 和搜索子图 $S^{i,j}$ 之间像素的绝对差值之和为 SAD（sum of absolute distances），代表模板 T 和搜索子图 $S^{i,j}$ 的距离测定，此距离即为曼哈顿距离。

SAD 定义如下：

$$d(T,S^{i,j}) = \sum_{P=0}^{M_x \times M_y - 1} \left| T^P - S^P \right| \tag{5-6}$$

其中，T^P, S^P 分别为模板 T 和搜索子图 $S^{i,j}$ 的第 P 个像素值。

传统的模板匹配算法需计算在每个搜索子图下模板 T 和搜索子图 $S^{i,j}$ 的距离测度，同时遍历所有搜索子图 $S^{i,j}$，找到距离测度的最小值 $\min\{d(T,S^{i,j})\}$ 所在的位置 (i,j)，(i,j) 即为最佳匹配点所在位置。

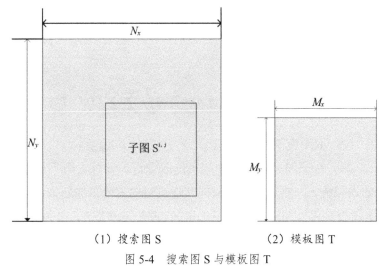

（1）搜索图 S　　　　　　　　（2）模板图 T

图 5-4　搜索图 S 与模板图 T

Fig.5-4　Search image S and template image T

可见传统的匹配算法数据量和计算量均较大，因此，这种算法的匹配速度比较慢。

2．序贯相似性检测算法

序贯相似性检测算法（SSDA）是巴尼亚（Barnea）和西尔弗曼（Silverman）在 1972 年最先提出来的，该算法在 SAD 相似测度的基础上加以改进，建立新的搜索策略，提高了匹配的效率[7]。

如果设 $N \times N$ 基准图为 S ，$M \times M$ 模板图为 T ，则 $S^{i,j}$ 为模板覆盖下的那块搜索子图 $1 \leq i \leq N_x - M_x + 1$ ，$S^{i,j}(m,n)$ 和 $T(m,n)$ 分别为子图和模板图中位于 (m,n) 的像素灰度值。

SSDA 算法的要点如下[8]：

（1）定义绝对误差为：

$$\varepsilon(i,j,m_k,n_k) = \left| S^{i,j}(m_k,n_k) - \hat{S}(i,j) - T(m,n) + \hat{T} \right| \quad (5\text{-}7)$$

其中：

$$\hat{S}(i,j) = \frac{1}{M^2} \sum_{m=1}^{M} \sum_{n=1}^{N} S^{i,j}(m,n) \qquad \hat{T} = \frac{1}{M^2} \sum_{m=1}^{M} \sum_{n=1}^{N} T(m,n) \quad (5\text{-}8)$$

（2）取不变阈值 T_k 。

（3）在子图 $S^{i,j}(m,n)$ 中随机选取像点。计算它同 T 中对应点的误差值 ε ，然后把这差值同其他点对的差值累加起来，当累加 r 次直到误差超过 T_k ，就停止累加，并记下次数 r ，定义 SSDA 的检测曲面为：

$$I(i,j) = \left\{ r \left| \min_{1 \le r \le m^2} \left[\sum_{k=1}^{r} \varepsilon(i,j,m_k,n_k) \ge T_k \right] \right. \right\} \quad (5\text{-}9)$$

（4）把 $I(i,j)$ 值最大的点定为匹配点，因为这一点上需要很多次累加才能使总误差 $\sum \varepsilon$ 超过 T_k ，如图 5-5 所示，图 5-5 中给出了 A、B、C 三个参考点上得到的误差累计增长曲线。A、B 反应模板 T 不在匹配点上，这时 $\sum \varepsilon$ 增长很快，超出阈值。曲线 C 中 $\sum \varepsilon$ 增长缓慢。可能是一套准候选点。

尽管 SSDA 算法效率提高了很多，但由图 5-5 可以看到它还可进一步改进，即不选用固定阈值，而改用单调增长的阈值序列，使得非匹配点在更少的计算过程中就达到阈值而被抛弃，真匹配点则需要更多次计算才达到阈值，如图 5-6 所示。

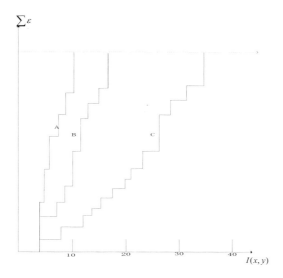

图 5-5　T_k 为常数时累积误差增长曲线

Fig.5-5　Cumulative error growth curve when is T_k constant

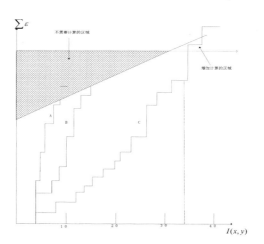

图 5-6　单调增加阈值序列的情形

Fig.5-6　Sequence monotonically increasing the threshold conditions

5.4.2 归一化互相关灰度匹配算法

归一化的灰度匹配算法[13-16]是一种非常经典的灰度匹配法，其基本原理是：逐像素地把一个以一定大小的实时图像窗口的灰度矩阵，与参考图像的所有可能的窗口灰度阵列，按某种相似性度量方法进行搜索比较的匹配方法。该算法是一种抗噪声能力强、匹配准确的匹配算法，且鲁棒性较好，应用广泛，但该方法对旋转、尺度、投影等变换十分敏感。

图像匹配实际上是比较两幅图像的相似性，若可以把图像展开为向量，则就可以归结为比较两个向量的相似性。根据向量点乘的定义：

$$a \cdot b = |a| \cdot |b| \cdot \cos\theta \tag{5-10}$$

若两个向量相似，它们的方向几乎相同，其夹角接近为 0，因此，可以根据 $\cos\theta$ 的值来判断两个向量的相似性。推广到二维图像中，则：

$$R(u,v) = \frac{\sum\limits_{i=1}^{N_1}\sum\limits_{j=1}^{N_2}(x_{i+u,j+v} \cdot y_{ij})}{[\sum\limits_{i=1}^{N_1}\sum\limits_{j=1}^{N_2}(x^2_{i+u,j+v})]^{\frac{1}{2}}[\sum\limits_{i=1}^{N_1}\sum\limits_{j=1}^{N_2}(y^2_{ij})]^{\frac{1}{2}}} \tag{5-11}$$

式中 $R(u,v)$ 为位置点 (u,v) 的归一化互相关系数；$N_1 \times N_2$ 为匹配模板的大小；$x_{i+u,j+v}$，y_{ij} 分别为需匹配的两幅图像中 $(i+u,j+v)$、(i,j) 处的灰度值。其中，$R(u,v)$ 的值越大，则说明两幅图像越相似。

归一化互相关灰度匹配算法步骤如下[4]：

（1）录入两幅极线校正后的图像，分别将像素灰度值存入两个动态数组中，令总循环变量 $i=0$。

（2）以存储左图像像素灰度值数组的第 i 个元素为基准开一个窗口（保证以该点为中心的模板内的像素都在图像内部），在算法设定的搜索空间内（一般为视差的变换范围），在右图像中通过归一化互相关测度函数搜索候选匹配点，并记录相关函数值最大的点。

（3）以第（2）步记录的右图像中最大分数值的点为基准开一个窗口，反过来在左图像中搜索相关函数值最大的候选匹配点，并记录，判断该点与第（2）步中左图像的基准点是否相同，若相同则认为匹配正确，并保存匹配点对。令 $i=i+1$，判断 i 是否达到存储左图像像素灰度值数组的上限，达到上限，则转第（4）步，否则转第（2）步。

（4）绘制视差图。

5.4.3 基于 Census 变换的匹配算法

Census 变换[4]示例如图 5-7 所示。变化原则为：以窗口中心元素的灰度值为阈值，令窗口中的其他元素与之比较，若其他元素的灰度值比中心元素的灰度值大，则将该元素设为 0，否则将该元素设为 1。该示例中，如果 A<128，则该窗口的秩为 5，否则秩为 4。利用数据间的有序信息而不是像素的灰度值本身，可将比较结果写成[0 1]字符串的形式；对图中左、右相关窗口进行相似性计算时采用海明距离，即比较两组字符串中不同元素的个数。与灰度相关法相比，该算法只有加减法运算，计算量大为减少，所以更适合实时应用。

$$\begin{pmatrix} 127 & 127 & 129 \\ 126 & 128 & 129 \\ 127 & 131 & A \end{pmatrix} \Rightarrow \{1,1,0,1,0,1,0,a\}$$

图 5-7　Census 变换示例

Fig.5-7　Variation Example of Census

基于 Census 变换的匹配算法的步骤如下：

（1）录入两幅极线校正后的图像，分别将像素灰度值存入两个动态数组中，令总循环变量 $i = 0$。

（2）以存储左图像像素灰度值数组的第 i 个元素为基准（保证以该点为中心的模板内的像素都在图像内部）进行窗口内部的秩变换，在算法设定的搜索空间内（一般为视差的变换范围），在右图像中通过计算海明距离搜索候选匹配点，并记录距离最小的点。

（3）以第 2 步记录的右图像中最大分数值的点为基准进行窗口内部的秩变换，反过来在左图像中搜索海明距离最小的候选匹配点，判断该点与第 2 步中左图像的基准点是否相同，相同则认为匹配正确，并保存匹配点对。令 $i = i + 1$，判断 i 是否达到存储左图像像素灰度值数组的上限，达到了则转第 4 步，否则转第 2 步。

（4）绘制视差图。

以上是几种利用灰度信息匹配方法，它们的主要缺陷是计算量太大，实时性差，而多数场合都有一定的速度要求，所以基于灰度的匹配算法目前很少被使用。

5.5 基于特征的匹配算法

基于特征的特征匹配是指通过分别提取两个或多个图像的特征，对特征进行参数描述，然后运用所描述的参数来进行匹配的一类算法。该类算法首先对图像进行预处理来提取其高层次的特征，然后建立两幅图像之间特征的匹配对应关系，通常使用的特征基元有点特征、边缘特征和区域特征等。

基于图像特征的匹配方法可以克服利用图像灰度信息进行匹配的缺点，由于图像的特征点比像素点要少很多，大大减少了匹配过程的计算量；同时，特征点的匹配度量值对位置的变化比较敏感，可以大大提高匹配的精度；而且，特征点的提取过程可以减少噪声的影响，对灰度变化、图像形变以及遮挡等都有较好的适应能力，在实际中应用广泛。

下面介绍几种基于特征的匹配方法。

5.5.1 基于 Harris 角点的图像匹配算法

1. Moravec 算法[18]

1977 年，Moravec 提出了利用灰度方差提取特征点的算法。对于像素点 (u,v)，如果偏移量表示为 (x,y)，Moravec 算法的角点响应函数是：

$$E(x,y) = \sum_{u,v \in W} (I(x+u, y+v) - I(u,v))^2 \qquad （5-12）$$

取一个以像素点 (u,v) 为中心的小窗口，计算其横向、纵向、左斜线、右斜线四个方向的相邻像素灰度差的平方和，并取这 4 个值中的最小值作为该像素点 (u,v) 的角点响应函数值，若该函数值大于等于阈值并且局部最大，则该像素点即为角点。

Moravec 算法简单易行，但计算代价很大，运行速度较慢。且由于只对四个方向进行自相关并取最小值，所以对图像边缘、噪声点和孤立点特别敏感，误检测率较高，检测出来的伪角点较多。

2. Harris 算法[17-18]

1988 年，学者 Chris Harris 提出了著名的 Harris 算法[19]，它继承了 Moravec 算法的精髓，并做出了重要的改进。Harris 算子可从连续角度进行推导，考虑各个方向上的自相关性，取一个以像素点 (x_0, y_0) 为中心的圆形窗口算，记该窗口为 $W(x_0, y_0, R)$，其中，$W(x_0, y_0, R) = \{(x,y) \in R, (x-x_0)^2 + (y-y_0)^2 \le R^2\}$ 为 (x_0, y_0) 的一个邻域。灰度 $I(x,y)$ 在 (x_0, y_0) 处沿着某一方向的灰度变化考虑窗口内不同点贡献权重的差异，可表示为：

$$E(x_0, y_0) = \sum_{u,v \in W} w(u,v)(I(x_0+u, y+v) - I(x_0, y_0))^2 \qquad (5\text{-}13)$$

其中，$(x_0+u, y+v) \in W(x_0, y_0, R)$，$w(u,v) = e^{-(u^2+v^2)/2\sigma^2}$ 是二维高斯窗口函数。

如果考虑到偏移方向的多样性，对 $I(x_0+u, y+v)$ 进行 Taylor 级数展开，可得到 Harris 算法的角点响应函数：

$$\begin{aligned} E(x,y) &= \sum_{u,v \in W} w(u,v)(xI_x + yI_y + O(x^2, y^2))^2 \\ &= Ax^2 + Cxy + By^2 \end{aligned} \qquad (5\text{-}14)$$

其中，I_x 和 I_y 是像素点 (u,v) 在水平和垂直方向的一阶导数：

$$I_x(u,v) = \frac{\partial I}{\partial x}(u,v), \quad I_y(u,v) = \frac{\partial I}{\partial y}(u,v) \qquad (5\text{-}15)$$

对像素点计算三个值：

$$A(u,v) = I_x^2(u,v) \otimes w(u,v) \tag{5-16}$$

$$B(u,v) = I_y^2(u,v) \otimes w(u,v) \tag{5-17}$$

$$C(u,v) = I_x(u,v)I_y(u,v) \otimes w(u,v) \tag{5-18}$$

则可以得出像素点的梯度矩阵：

$$M = \begin{pmatrix} A & C \\ C & B \end{pmatrix} \tag{5-19}$$

Harris 的角点响应函数（CRF）表达式由此而得到：

$$CRF(u,v) = \det(M) - k(trace(M))^2 \tag{5-20}$$

其中，$\det(M) = (AB - C^2)$，$(trace(M))^2 = (A + B)^2$，k 为常数，一般取为 0.04~0.06。当目标像素点的 CRF 值大于或等于给定的阈值 t 时，该像素点即为角点。

实际工程中，经常采用比值法来表示，计算公式为：$CRF(u,v) = \det(M)/(trace(M) + \varepsilon)$。其中 ε 一般取一个极小值（例如 10^{-5}），用来防止当除数为 0 时溢出。比值法不需要 k 值，避免了 k 取值的随意性，使算法更加稳定。阈值 t 的取值对 Harris 算法的精确度影响很大，阈值 t 太大，会出现"漏检"，阈值 t 太小，会出现"误检"。

Harris 算法具体步骤如下[18]：

（1）利用差分算子对图像进行滤波，计算图像在水平和垂直方向上的导数 I_x，I_y 以及梯度矩阵 M；

（2）对 A，B，C 进行高斯平滑，以去除噪声；

（3）计算图像中每个像素点的相似度，得出角点候选点；

（4）计算每个角点候选点的角点响应函数 *CRF*；

（5）进行局部非极大值抑制以获得最终角点。

Harris 算法具有良好的检测完整性，可以检测到绝大多数角点。算法对图像的灰度函数进行了一阶导数，使得各个方向的变化都包含了进去，能够有效地区分角点和边缘，克服了 Moravec 算法对边缘的敏感性，且具有旋转不变性，检测准确度高。同时，算法选取高斯模板进行卷积运算，对噪声有一定的抑制作用。但 Harris 算法不具有尺度不变性，而且检测时间不是很令人满意，很多人在此基础上对 Harris 算法进行了改进[20-22]。

5.5.2 基于 SIFT 的图像匹配算法

David G. Lowe 在提出尺度不变的特征（Scale-Invariant Feature），用来进行物体的识别和图像匹配等[23]，并于 2004 年进行了加以完善[24]。SIFT（Scale-Invariant Feature Transform）算子是一种图像的局部描述子，具有尺度、旋转、平移的不变性，而且对光照变化、仿射变换和三维投影变换具有一定的鲁棒性[23]。

SIFT 算法的主要思想是在尺度空间寻找极值点，然后对极值点进行过滤，找出稳定的特征点，然后在每个稳定的特征点周围提取图像的局部特性，形成局部描述子并进行匹配。SIFT 特征具有很好的独特性，适用于在海量特征数据库中进行快速、准确的匹配；另外，算法产生的特征点在图像中的密度很大，实时性强，而且 SIFT 特征描述子是向量的形式，它可以与其他形式的特征向量进行联合，具有很好的可扩展性。SIFT 算法的应用十分广泛，包括目标识别、运动匹配、机器人视觉、视频跟踪、图像检索、图像拼接、3D 建模、手势识别等，并且实时性、鲁棒性较高，具有独特的优势。

SIFT 算法步骤如下：

1. 尺度空间的生成

尺度空间理论是为了实现模拟图像数据的多尺度特征，在一些合理的假设之下，高斯函数是得到图像尺度空间唯一可用的核函数，一幅二维图像的尺度空间可定义为：

$$L(x,y,\sigma) = G(x,y,\sigma) * I(x,y) \qquad (5\text{-}21)$$

其中 $G(x,y,\sigma) = \dfrac{1}{2\pi\sigma^2} e^{-(x^2+y^2)\big/2\sigma^2}$ 是尺度可变高斯函数，(x,y) 是空间坐标。

大尺度对应图像的概貌特征，小尺度对应图像的细节特征。尺度大的值对应粗糙尺度（低分辨率），反之，尺度小的值对应精细尺度（高分辨率）。为了能在尺度空间有效的检测到稳定的关键点，提出了高斯差分尺度空间（DOG scale-space）。利用不同尺度的高斯差分核与图像卷积生成。

$$
\begin{aligned}
G(x,y,\sigma) &= \big(G(x,y,k\alpha) - G(x,y,\sigma)\big) * I(x,y) \\
&= L(x,y,k\alpha) - L(x,y,\sigma) \qquad (5\text{-}22)
\end{aligned}
$$

DOG 算子计算简单，是尺度归一化的 log 算子的近似。

图像金字塔的构建可分为两步：对图像做高斯平滑，对图像做降采样。为了让尺度体现其连续性，在简单下采样的基础上加上了高斯滤波。一幅图像可以产生几组（octave）图像，一组图像包括几层（interval）图像。

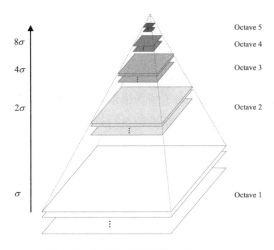

图 5-8　高斯金字塔构建过程

Fig.5-8　Gaussian pyramid building process

　　图像金字塔共 O 组，每组有 S 层，下一组的图像由上一组图像降采样得到。

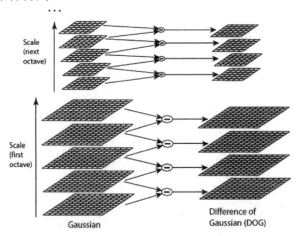

图 5-9　DOG 金字塔，计算高斯图像的差分

Fig.5-9　DOG pyramids，calculate the differential Gaussian image

2．空间极值点检测

为了寻找尺度空间的极值点，每一个采样点要和它相邻的所有点进行比较。如图 5-10 所示，中间的检测点和它同尺度的 8 个相邻点和上下相邻尺度对应的 9×2 个点共 26 个点进行比较，以确保在尺度空间和二维图像空间都检测到极值点。如果一个点在 DOG 尺度空间本层以及上下两层的 26 个领域中是最大或最小值时，就认为该点是图像在该尺度下的一个特征点。

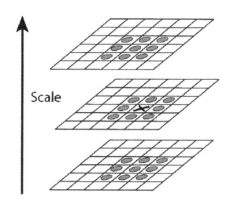

图 5-10　计算极值点

Fig.5-10　Extreme point calculation

3．精确确定极值点位置

由于 DOG 值对噪声和边缘较敏感，因此，在上面 DOG 尺度空间中检测到局部极值点还要经过进一步的检验才能精确定位为特征点。为了提高关键点的稳定性和抗噪声能力，需要对尺度空间 DOG 函数进行曲线拟合，以精确确定关键点的位置和尺度（达到亚像素精度），同时去除低对比度的关键点和不稳定的边缘响应点。

详细过程如下：

（1）DOG 函数在尺度空间的泰勒展开式如下：

$$D(x) = D + \frac{\partial D^T}{\partial x} x + \frac{1}{2} x^T \frac{\partial^2 D}{\partial x^2} x \qquad (5\text{-}23)$$

求解得：

$$\hat{x} = -\frac{\partial^2 D^{-1}}{\partial x^2} \frac{\partial D}{\partial x} \qquad (5\text{-}24)$$

（2）去除低对比度的特征点：

把 $\hat{x} = -\dfrac{\partial^2 D^{-1}}{\partial x^2} \dfrac{\partial D}{\partial x}$ 代入 $D(x) = D + \dfrac{\partial D^T}{\partial x} x + \dfrac{1}{2} x^T \dfrac{\partial^2 D}{\partial x^2} x$，只取前

两项可得：

$$D(\hat{x}) = D + \frac{1}{2} \frac{\partial D^T}{\partial x} \hat{x} \qquad (5\text{-}25)$$

若 $D(\hat{x}) \geq 0.03$，该特征点就保留下来，否则丢弃。

（3）边缘响应的去除：

高斯差分算子若定义不好，其极值在横跨边缘的地方将有较大的主曲率，而在垂直边缘的方向有较小的主曲率。主曲率通过一个 2×2 的 Hessian 矩阵 H 求出：

$$H = \begin{bmatrix} D_{xx} & D_{xy} \\ D_{xy} & D_{yy} \end{bmatrix} \qquad (5\text{-}26)$$

导数由采样点相邻差估计得到。

D 的主曲率和 H 的特征值成正比，令 α 为最大特征值，β 为

最小的特征值：

$$Tr(H) = D_{xx} + D_{yy} = \alpha + \beta \tag{5-27}$$

$$Det(H) = D_{xx}D_{yy} - (D_{xy})^2 = \alpha\beta \tag{5-28}$$

令 $\alpha = r\beta$ ，则：

$$\frac{Tr(H)^2}{Det(H)^2} = \frac{(\alpha + \beta)^2}{\alpha\beta} = \frac{(r\beta + \beta)^2}{r\beta^2} = \frac{(r+1)^2}{r} \tag{5-29}$$

其中，$\dfrac{(r+1)^2}{r}$ 的值在两个特征值相等的时候最小，随着 r 的增大而增大，因此，为了检测主曲率是否在某域值 r 下，在 Lowe 的文章中，建议取 $r=10$，当 $\dfrac{Tr(H)^2}{Det(H)^2} < \dfrac{(r+1)^2}{r}$ 时将关键点保留，反之剔除。

4．关键点方向分配

通过尺度不变性求极值点，可以使其具有缩放不变的性质，利用关键点邻域像素的梯度方向分布特性，可以为每个关键点指定方向参数方向，从而使描述子对图像旋转具有不变性。

通过求每个极值点的梯度来为极值点赋予方向。

像素的梯度表示：

$$gradI(x,y) = \left(\frac{\partial I}{\partial x}, \frac{\partial I}{\partial y}\right) \tag{5-30}$$

梯度幅值：

$$m(x,y) = \sqrt{(L(x+1,y) - L(x-1,y))^2 + (L(x,y+1) - L(x,y-1))^2}$$

$$\tag{5-31}$$

梯度方向：

$$\theta(x,y) = \tan^{-1} \left. (L(x,y+1) - L(x,y-1)) \middle/ (L(x+1,y) - L(x-1,y)) \right.$$

$$(5\text{-}32)$$

其中 L 所用的尺度为每个关键点各自所在的尺度。在实际计算时，以关键点为中心的邻域窗口内采样，并用直方图统计邻域像素的梯度方向。梯度直方图的范围是 0~360 度，其中每 10 度一个柱，总共 36 个柱。直方图的峰值则代表了该关键点处邻域梯度的主方向，即作为该关键点的方向。

在梯度方向直方图中，当存在另一个相当于主峰值 80%能量的峰值时，则将这个方向认为是该关键点的辅方向。一个关键点可能会被指定具有多个方向（一个主方向，一个以上辅方向），这可以增强匹配的鲁棒性。

方向分配步骤地实现：

（1）确定计算关键点直方图的高斯函数权重函数参数；

（2）生成含有 36 柱的方向直方图，梯度直方图范围 0~360 度，其中每 10 度一个柱。由半径为图像区域生成；

（3）对方向直方图进行两次平滑；

（4）求取关键点方向（可能是多个方向）；

（5）对方向直方图的 Taylor 展开式进行二次曲线拟合，精确关键点方向。

至此，图像的关键点已检测完毕，每个关键点有三个信息：位置、所处尺度、方向，同时也就使关键点具备平移、缩放、和旋转不变性。

5. 特征点描述子生成（SIFT 特征矢量生成）

描述的目的是在关键点计算后，用一组向量将这个关键点描述出来，这个描述子不但包括关键点，也包括关键点周围对其有贡献的像素点。用来作为目标匹配的依据，也可使关键点具有更多的不变特性，如光照变化、3D 视点变化等。

通过对关键点周围图像区域分块，计算块内梯度直方图，生成具有独特性的向量，这个向量是该区域图像信息的一种抽象，具有唯一性。

首先将坐标轴旋转为关键点的方向，以确保旋转不变性。接下来以关键点为中心取 8×8 的窗口。图 5-11 左部分的中央黑点为当前关键点的位置，每个小格代表关键点邻域所在尺度空间的一个像素，利用公式求得每个像素的梯度幅值与梯度方向，箭头方向代表该像素的梯度方向，箭头长度代表梯度模值，然后用高斯窗口对其进行加权运算，图中蓝色的圈代表高斯加权的范围（越靠近关键点的像素梯度方向信息贡献越大）。

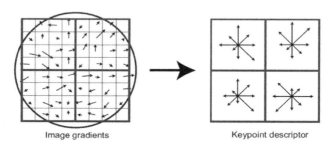

Image gradients　　　　Keypoint descriptor

图 5-11　由关键点邻域梯度信息生成特征向量

Fig.5-11　Key points from the neighborhood gradient information to generate feature vector

然后在每 4×4 的小块上计算 8 个方向的梯度方向直方图，绘制每个梯度方向的累加值，即可形成一个种子点，如图 5-11 右部分示。此图中一个关键点由 2×2 共 4 个种子点组成，每个种子点有 8 个方向向量信息。这种邻域方向性信息联合的思想增强了算法抗噪声的能力，同时对于含有定位误差的特征匹配也提供了较好的容错性。

图 5-11 中显示了 8×8 的像素矩阵，以及圆形邻域，邻域被划分为 2×2 个子区域，每个子区域形成一个八方向的梯度直方图。实际计算过程中，为了增强匹配的稳健性，Lowe 建议对每个关键点使用 4×4 共 16 个种子点来描述，这样对于一个关键点就可以产生 128 个数据，即最终形成 128 维的 SIFT 特征向量。

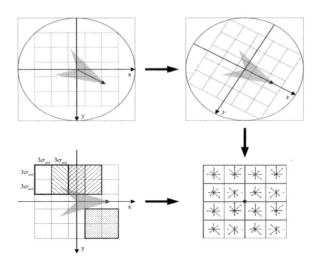

图 5-12　Lowe 实验生成 128 维关键点特征矢量示意图

Fig.5-12　Lowe experiments generate 128 dimensional

feature vector schematic key points

128 维关键点描述子生成步骤如下：

（1）确定计算描述子所需的图像区域。

　　描述子梯度方向直方图由关键点所在尺度的模糊图像计算产生。图像区域的半径通过下式计算：

$$radius = \frac{3\sigma_{oct} \times \sqrt{2} \times (d+1)+1}{2}$$　　　　（5-33）

　　$d = 4$，σ_{oct} 是关键点所在组（octave）的组内尺度。

（2）将坐标移至关键点主方向。

　　如图 5-12 的上部两图所示，那么旋转角度后新坐标为：

$$\begin{pmatrix} \hat{x} \\ \hat{y} \end{pmatrix} = \begin{pmatrix} \cos\theta & -\sin\theta \\ \sin\theta & \cos\theta \end{pmatrix} \times \begin{pmatrix} x \\ y \end{pmatrix}$$　　　　（5-34）

　　（3）在图像半径区域内对每个像素点求其梯度幅值和方向，然后对每个梯度幅值乘以高斯权重参数，生成方向直方图。

　　（4）在窗口宽度为 2×2 的区域内计算 8 个方向的梯度方向直方图，绘制每个梯度方向的累加值，即可形成一个种子点。然后再在下一个 2×2 的区域内进行直方图统计，形成下一个种子点，共生成 16 个种子点。

　　（5）描述子向量元素门限化及门限化后的描述子向量规范化。

　　描述子向量元素门限化：

　　方向直方图每个方向上梯度幅值限制在一定门限值以下（门限一般取 0.2）。

　　描述子向量元素规范化：

　　$L = (l_1, l_2, \cdots, l_{128})$ 为规范化后的向量，$W = (w_1, w_2, \cdots, w_{128})$ 为得到的 128 描述子向量，其中：

$$l_j = w_j / \sqrt{\sum_{i=1}^{128} w_i} , \quad j = 1, 2, \cdots, 128 \qquad （5\text{-}35）$$

关键点描述子向量的规范化正是可去除满足此模型的光照影响。对于图像灰度值整体漂移，图像各点的梯度是邻域像素相减得到，所以也能去除。

当两幅图像的 SIFT 特征向量生成后，下一步采用关键点特征向量的欧式距离来作为两幅图像中关键点的相似性判定度量。取实时图中的某个关键点，并找出其与基准图中欧式距离最近的前两个关键点，在这两个关键点中，如果最近的距离除以次近的距离少于某个比例阈值，则接受这一对匹配点。降低这个比例阈值，SIFT 匹配点数目会减少，但更加稳定。为了排除因为图像遮挡和背景混乱而产生的无匹配关系的关键点，Lowe 提出了比较最近邻距离与次近邻距离的方法，距离比率 ratio 小于某个阈值的认为是正确匹配。因为对于错误匹配，由于特征空间的高维性，相似的距离可能有大量其他的错误匹配，从而它的 ratio 值比较高。Lowe 推荐 ratio 的阈值为 0.8。但对大量存在尺度、旋转和亮度变化的两幅图片进行匹配，ratio 取值在 0.4~0.6 之间最佳，小于 0.4 的很少有匹配点，大于 0.6 的则存在大量错误匹配点。

建议 ratio 的取值原则如下：

（1）ratio=0.4，对于准确度要求高的匹配；

（2）ratio=0.6，对于匹配点数目要求比较多的匹配；

（3）ratio=0.5，一般情况下匹配。

也可按如下原则：当最近邻距离小于 200 时 ratio=0.6，反之 ratio=0.4。ratio 的取值策略能排除错误匹配点。

SIFT（Scale Invariant Feature Transform）算子因其良好的尺

度、旋转、光照等不变特性而广泛应用于图像匹配中，但用128维向量来表征每个特征点降低了算法的实时性。为了提高匹配速度，很多研究者对算法进行了改进，文献[25]介绍了一种基于SIFT的简化算法（SSIFT），采用基于圆形窗口的12维向量有效地表示一个特征点，实时性得到很好的提高；文献[26-30]也从不同角度对SIFT算法进行了改进，SIFT算法在图像匹配中得到了广泛的应用。

5.5.3 基于 Harris 尺度不变特征的图像匹配方法

为了获取更稳定的特征点，文献[31]将SIFT特征描述方法引入到Harris尺度不变特征描述中，改进了基于Harris特征的匹配算法；结合简单高效的基于欧氏距离的双向匹配算法，去除了大部分的错误匹配，明显提高了匹配的稳定性。并通过实验结果说明，改进的算法不仅对图像具有平移、旋转以及尺度不变性，且对于具有自相似或对称性的图像之间的匹配稳定性更高。

具体算法步骤如下：

1．Harris尺度不变特征检测

对于具有自相似性或对称性图像之间的匹配，希望能在待匹配的两幅图像中提取到尽量多的可重复性高的特征点。Harris算子虽然具有计算简单、可定量提取以及算子稳定的特点，但是它并不具有尺度不变性。基于此，采用文献[32]中的方法，利用尺度空间理论，把Harris角点值同时在空间域和尺度域取得极值的点作为特征点，使得Harris检测子具有尺度不变性，并且通过设置合适的参数，获得的特征点比SIFT特征检测子所提取到的特征点更加稳定，从而提高了特征点的重复率。

Harris角点检测子通过下式确定角点值：

$$M = \mu(x,\sigma_1,\sigma_D) = \sigma_D^2 P_1 \otimes \begin{bmatrix} (I_x^2) \otimes P_D & (I_x I_y) \otimes P_D \\ (I_x I_y) \otimes P_D & (I_y^2) \otimes P_D \end{bmatrix} \quad (5\text{-}36)$$

$$R = \det M - ktr^2 M \quad (5\text{-}37)$$

其中，I 为矩阵图像，R 为计算角点响应值函数，$P_1 = \exp[-(u^2-v^2)/2\sigma_1^2]$，$P_D = \exp[-(u^2-v^2)/2\sigma_D^2]$，$k = 0.04$，$\sigma_1$ 为积分尺度，σ_D 为微分尺度，且 $\sigma_1 = s\sigma_D$，s 为常数，根据文献[32]，为获得个多稳定的特征点，提高匹配精度，实验一般选取 $s = 0.4$。

检测方法具体实现过程如下图所示。

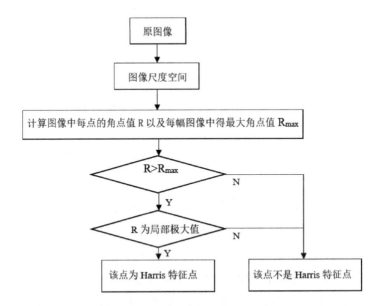

图 5-13 Harris 尺度不变性检测子的实现流程

Fig.5-13 Harris realization of scale invariance detection sub-process

首先利用不同滤波因子对原图像进行滤波，生成图像尺度空间，共有4组图像，每组有3层，得到不同尺度的图像，然后计算图像中每点的Harris角点值 R 以及每幅图像中的最大角点值 R_{max}，如果每组中间层每点的 R 值大于给定的阈值（为对图像具有一定的适应性，此处阈值取为 $0.02R_{max}$），则继续判断该点是否为极值，此处需要同包括同尺度的周围邻域8个点和相邻尺度对应位置的周围邻域 9×2 个点共26个点的Harris角点值进行极值比较，若为极值，则该点被认为是特征点，否则该点不是特征点。

2．Harris尺度不变特征描述

在构造Harris特征描述子之前，首先为每个特征点赋予一个方向，该方向是指特征点 3×3 邻域内各点梯度方向的直方图中最大值所对应的方向,后续的描述子的构造均以该方向为参照。将SIFT特征描述方法引入到Harris角点的特征描述中，并结合上文求出的每个Harris角点的方向信息，Harris特征描述子的具体构造过程如下：

（1）对任意一个Harris特征点，分别以该点的方向为主方向建立坐标系，使得描述子具有旋转不变性。

（2）在Harris特征点所在的尺度空间，取以该点为中心的 16×16 像素大小的邻域，将此邻域均匀地分为 4×4 个子区域，再对每个子区域计算梯度方向直方图，将直方图均匀地分为8个方向。

（3）对 4×4 个子区域的8个方向梯度直方图根据位置依次排序，这样就构成了一个 $4 \times 4 \times 8 = 128$ 维的特征向量，该向量ing为Harris特征描述向量。然后对该向量进行归一化处理，使其具有光照不变性。

3．Harris特征向量匹配

基于特征点的匹配过程就是寻找两幅图像同名点的过程，通过计算两幅图像特征点描述向量的相似性来确定特征点是否为同名点。以两个特征向量间的欧氏距离作为相似性测度为例，其计算公式为：

$$D=[\sum_{i=1}^{128}(x_i-x_i')^2]^{\frac{1}{2}} \tag{5-38}$$

其中，$(x_1,x_2,\cdots,x_{128})$ 和 $(x_1',x_2',\cdots,x_{128}')$ 为待匹配的两个Harris特征点的特征向量。

采用最易实现的穷尽搜索来搜索特征点在另一幅图像中的最近邻点。双向匹配算法能剔除了大部分由于图像自相似性或对称性而造成的错误匹配。

双向匹配策略，具体步骤如下：

（1）提取标准图像和待匹配图像的Harris特征向量。

（2）取标准图像中的某个特征点，采用穷尽搜索找出其与待匹配图像中的欧氏距离最近的前两个点，在这两个特征点中，如果最近的距离除以次近的距离小于匹配阈值，则表示标准图像中的这个特征点与待匹配图像中欧氏距离最近的特征点匹配。

（3）对上一步得到的待匹配图像中已被匹配的特征点，依照同样的方法计算出该点的匹配点。

基于图像特征的匹配方法可以克服利用图像灰度信息进行匹配的缺点，由于图像的特征点比较像素点要少很多，大大减少了匹配过程的计算量；同时，特征点的匹配度量值对位置的变化比较敏感，可以大大提高匹配的精确程度；而且，特征点的提取过程可以减少噪声的影响，对灰度变化，图像形变以及遮挡等都有较好的适应能力。所以基于图像特征的匹配在实际中的应用越来越广泛。

5.6　基于相位的匹配

基于傅立叶平移定理的相位匹配算法的本质是，对带通滤波后的时/空-频域定位性的基元信号相位信息进行处理而得到像对间的视差。与上述两类方法相比，作为匹配基元的相位信息本身反映了信号的结构信息，能有效抑制图像的高频噪声和畸变，且适于并行处理，可获得亚像素级精度的致密视差，且该算法具有检测方法与照度无关和受几何失真影响小的特点，但它对旋转变化非常敏感。究其本质，相位匹配就是寻找局部相位相等的对应点。

下面介绍几种基于相位的匹配方法。

5.6.1　基于相位相关的图像匹配算法

图像匹配算法[33-36]首先将源图像转换为二值图像，然后对二值图像进行对数极坐标变换，将其转换为 LP 图像，接着对 LP 图的距离轴和角度轴投影统计量进行特征提取，最后对提取的特征值进行相似性匹配。由于算法匹配过程是基于目标图像的轮廓，所以对一定程度的噪声、JPEG 压缩等攻击，此算法具有较强的鲁棒性，且该算法实时性较高[33]。

具体步骤如下：

1. 目标图预处理

该过程又可分为两个步骤来完成，即目标图像的二值化和定位二值图像形心过程。具体如下：

（1）使用源图像的平均灰度 T 作为阈值，对目标图像进行二值化操作，生成二值图像 $F(x, y)$。为了降低算法的空间复杂性，可用数组存储二值化图像。

（2）按如下三式完成二值图像 $F(x, y)$ 形心 (x_0, y_0) 的定位过程[34]：

$$S(x) = \sum_{y=0}^{n-1} F(x, y), \quad S(x) = \sum_{y=0}^{m-1} F(x, y) \qquad （5\text{-}39）$$

$$N = [\sum_{y=0}^{m-1} S(x) + \sum_{y=0}^{n-1} S(y)] / 2 \qquad （5\text{-}40）$$

$$\begin{cases} x_0 = \dfrac{1}{N} \sum_{y=0}^{m-1} S(x) \cdot x \\ y_{0=} \dfrac{1}{N} \sum_{y=0}^{n-1} S(y) \cdot y \end{cases} \qquad （5\text{-}41）$$

其中，m 为图像的宽；n 为图形的高；$S(x)$，$S(y)$ 分别为图像在 X, Y 方向上的投影统计量，N 为图像总的像素数。

2. 二值图像对数极坐标变换

本算法主要是对图像轮廓进行匹配，对于采样原点的部分可以不采样或少采样。因此可以计算出一个采样半径下限。其计算表达式如下式[35]：

$$\zeta = \frac{\ln(S)}{\ln(M)} \cdot R \qquad （5\text{-}42）$$

这里，只对半径大于 ζ 的部分进行采样。其中，S 表示图像轮廓区域离采样原点最近的距离；M 表示二值图像中离采样原点最远的距离；R 表示 LP 图像的距离轴长度。

（1）使 LP 图的距离轴和角度轴都以一定的跳度递增，为了使采样点与二值图像分辨率的规模相适应。跳度计算公式如式（5-43）所示：

$$tiao = 2^{-\log\frac{\max(a,b)}{2\ln[\max(a,b)]}} \tag{5-43}$$

（2）根据跳度修正 R 和 ζ，省略多余小数部分，以优化代码，减少计算量。如式（5-44）所示：

$$\begin{cases} R = R - R(\mathrm{mod}\ \ tiao) \\ \\ \zeta = \zeta - \zeta(\mathrm{mod}\ \ tiao) \end{cases} \tag{5-44}$$

（3）在笛卡儿坐标系中，可以按照以下公式将点 (x, y) 映射到对数极坐标中的点 (r, θ)[36]：

$$\begin{cases} r = \ln(\sqrt{x^2 + y^2}) \\ \theta = \arctan(y/x) \end{cases} \tag{5-45}$$

其逆过程可表示为：

$$\begin{cases} x = \exp(r) \cdot \cos\theta \\ y = \exp(r) \cdot \sin\theta \end{cases} \tag{5-46}$$

按照逆过程可重获目标图像中的采样点，以形心 (x_0, y_0) 为变换中心，采用间接重采样法对目标图像进行对数极坐标变换以获得 LP 图像。

可见，优化后的 LP 图像的分辨率为：

$$[(R-\zeta)/tiao]\cdot(2/tiao) \qquad (5\text{-}47)$$

其中，$[(R-\zeta)/tiao]$ 为距离轴的像素数，$(2/tiao)$ 为角度轴的像素数。

3．LP 图像匹配

本部分对 LP 图像的距离轴和角度轴投影统计量进行计算，所得统计量为匹配的主体。令 W_p 为基准图的 LP 图像的轮廓区域宽度，W_q 为目标图的 LP 图像的轮廓区域宽度，匹配具体过程如下：

（1）计算距离轴投影统计量并分割出目标图像的轮廓区域，找出轮廓区域的左右边界 α、β，并对距离轴区间 $[\alpha,\beta]$ 进行距离轴投影统计量的计算；

（2）将基准图和目标图的 LP 图像的轮廓区域宽度之差与一个事先规定的阈值 χ 进行比较，如果前者大于后者，则直接判定匹配失败；否则，按下式进行距离轴投影统计量匹配：

$$D_j = \frac{1}{m}\cdot\sum_{i=1}^{l+m-1}\left|N_p(i)-N_q(i)\right| \qquad (5\text{-}48)$$

其中，$m=\min(W_p,W_q)$；$l=1,2,\cdots,\left|W_p-W_q\right|+1$；$N_p(i)$，$N_q(i)$ 分别表示目标 LP 图和基准 LP 图的距离轴上投影量。设定相似度阈值 σ_T 若有 $D_l<\sigma_T$，则继续进行；否则匹配失败；

（3）角度轴相似度比较算法与距离轴投影类似，同样为：

$$D_j = \frac{1}{m}\cdot\sum_{i=1}^{l+m-1}\left|N_p(i)-N_q(i)\right| \qquad (5\text{-}49)$$

不同的是，在此式中，$m = W_p$；$l = 1, 2, \cdots, W_p + 1$；$N_p(i)$，$N_q(i)$ 分别表示目标 LP 图和基准 LP 图角度轴向投影量，设定角度轴相似度阈值为 σ_T，如果有 $\min(D_l) < \sigma_T$，则停止计算，并认定是目标。

5.6.2 基于小波变换的图像匹配算法

基于相位的匹配算法大多采用小波变换法[37-39]，这可以使相位的多分辨率求得过程自然与粗—精匹配策略相结合，提高匹配过程的效率，从而得到致密的视差图，在图像匹配领域得到了广泛的应用。

1. 小波变换及多分辨率分析

小波分析属于时域分析的一种，是一种信号的时间—尺度（时间—频率）分析方法，在时域和频域都具有表征信号局部特征的能力。小波变换具有多分辨率分析的特点，可以对信号进行不同尺度的分解，从而获得目标图像不同层次的轮廓信息和细节信息。

设二维图像信号为：$f(x, y)$，$\phi(x)$，$\phi(y)$，$\psi(x)$，$\psi(y)$，分别表示一维尺度函数和相应的小波函数。

则二维尺度函数表示为：

$$\phi(x, y) = \phi(x)\phi(y) \tag{5-50}$$

二维小波函数表示为：

$$\psi^H(x, y) = \psi(x)\phi(y) \tag{5-51}$$

$$\psi^V(x, y) = \phi(x)\psi(y) \tag{5-52}$$

$$\psi^D(x, y) = \psi(x)\psi(y) \tag{5-53}$$

这些小波函数沿不同方向的图像灰度变化：ψ^H 表示沿着列的变化，ψ^V 表示沿着行的变化，ψ^D 表示对角线方向的变化[38]。

此时，二维平方可积函数空间 $L^2(R^2)$ 的规范正交小波基为：

$$\psi^l_{j,m,n}(x,y) = 2^{j/2}\psi^l(2^j x - m, 2^j y - n) \qquad (5\text{-}54)$$

其中，l 表示 H、V、D，且 j、m、n 都为整数。

同一维小波变换一样，$\forall f(x,y) \in L^2(R^2)$，都有：

$$f(x,y) = \sum_{m\in Z}\sum_{n\in Z} c_{j,m,n}\psi_{j,m,n} \qquad (5\text{-}55)$$

其中，$c_{j,m,n} \le f(x,y)$，$\psi_{j,m}(x)\psi_{j,n}(y) > 0$。

在每一个层次，图像都被分为四分之一大小的图像，如图 5-14。

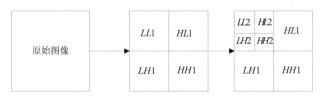

图 5-14　图像的小波分解

Fig.5-14　Image wavelet decomposition

离散小波变换通过一组低通分解滤波器（L）和高通分解滤波器（H）来分解图像。小波变换将原始图像数据按不同频带和分辨率分解成子带图像，每一层子波分解成 4 个子带，即垂直和水平方向低频的子带 LL（即低频部分，显示近似子图像），水平方向低频和垂直方向高频的子带 LH（即高频部分，显示垂直高频图像），垂直方向低频和水平方向高频的子带 HL（即高频部分，显示水平高频图像），垂直和水平方向高频的子带 HH（即高频部分，显示相当于 45 度斜线方向高频图像）[39]。这 4 个图像的大小是相同的。小波分解对每一层所得到的低频分量 LL 可以继续进行下一个尺度的分解，而且在每一分解尺度上，低频平滑图像集中了原始图像的大部分能量，反映了图像的绝大部分结构信息，所以可以利用不同尺度上的低频图像来进行分层匹配。

2．基于小波变换的图像匹配算法

传统的模板匹配法运算量大，匹配效率和精度都比较低，不能满足机器人对图像进行实时处理的要求。要加快运算速度，就要减少搜索位置和每个位置处的计算量。因此，改进传统的图像匹配算法，将小波变换运用到图像匹配当中，利用小波变换的多分辨率特性，将图像进行多层分解，形成金字塔式图像数据，然后分别在每一层对图像进行匹配。

由小波变换原理可知，图像经过小波变换后，被分为低频部分和高频部分，低频部分保持图像的整体特征，高频部分保持图像的细节特征。先在尺度空间上对图像的低分辨率部分进行图像匹配，然后在此结果上对高分辨率部分进行匹配，减少了迭代次数。

算法步骤如下：

（1）分别对源图像和模板图像进行 J 层小波分解，得到各级分解后的灰度信息。

（2）在第 J 层上，采用相似度测量模板匹配法，对源图像和模板图的低频部分进行粗匹配，得到该尺度上的最佳匹配区域。

（3）在第 $J-1$ 层上，对上一步中得到的最佳匹配区域内进行归一化互相关匹配计算，得到本尺度的最佳匹配区域。

（4）依此类推，重复第 3 步的匹配计算。

（5）在第 0 层上，对前一步得到的最佳匹配区域进行匹配计算，得到最终匹配结果。

在上述算法中，要考虑以下两个要素：分解层数 J 的确定和小波函数的选取。

分层层数的确定和模板图像的大小是密切相关的。分解层数 J 越大，图像的空间分辨率越低，有利于减少原始图像和匹配模板在粗尺度上搜索时间。但是分解层数过大，会损失图像原有信息，使得高层的匹配结果很不可靠。因此，合理选取分解层数 J 在模板匹配中起了至关重要的作用。

分解层数的取值应满足：

$$L < \min\{\log_2(N/8), 5\} \qquad (5\text{-}56)$$

其中，N 表示模板图像行高和列宽中的较小值。在进行图像匹配时，要求经过小波变换后的低频图像中要尽可能多的保留原始图像的有用信息，尤其是边缘、线段等灰度变换较大的地方，否则容易造成失配。其次计算公式应尽量简化，这样可以提高运算速度。

5.6.3 基于二维 Gabor 小波变换的角点匹配算法

小波变换多与其他匹配算法结合进行匹配，先用小波原理对基准及后续图像分别做小波分解得到包含大量信息的低频图像，然后再利用其他算法进行匹配，如文献[41-43]。下面介绍一种基于二维 Gabor 小波变换的角点匹配算法[40-44]。

1. 二维 Gabor 小波变换的角点匹配算法的描述[40]

基于二维 Gabor 小波变换的角点匹配算法，首先采用 Harris 角点检测方法，提取角点，得到角点位置的坐标，利用多个二维 Gabor 小波模板对参考图像和待匹配图像进行滤波，从滤波图像中提取角点坐标处的复 Gabor 小波系数，并以此作为角点的特征描述，然后引入两种相似性度量因子对角点进行匹配。

匹配算法的流程如图 5-15：

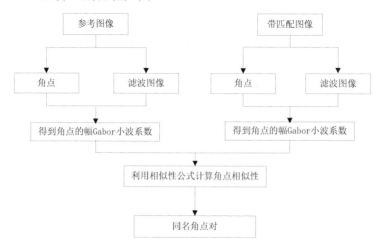

图 5-15　角点匹配算法流程图

Fig.5-15　Corner matching algorithm flowchart

二维 Gabor 小波变换的角点匹配算法详细步骤如下：

（1）角点特征提取。Harris 角点检测算子只用到灰度的一阶差分以及滤波，故操作简单，而且光强差异对角点检测影响有限，即使图像存在旋转、灰度变化、噪声影响和视角变化，对角点的提取都比较稳定。详细参考 5.4.1 小节。

（2）角点的 Gabor 特征描述。二维 Gabor 小波变换是图像的多尺度表示和分析的有力工具，它能够将图像相邻区域内的像素点联系起来，从不同的频率尺度和方向反映局部范围内图像像素灰度值的变化。二维 Gabor 小波变换实际上描述了图像 I 上给定一点 $\vec{x}$ 附近区域的灰度特征，因此可以利用多个二维 Gabor 小波模板滤波后得到的幅值序列作为角点的特征描述。这个过程可以用一个卷积来定义为：

$$J_j(\vec{x}) = \int I(\vec{x}')\psi_j(\vec{x} - \vec{x}')d^2\vec{x}' \qquad (5\text{-}57)$$

其中，$\vec{x}$ 为给定位置的图像坐标；$I(\vec{x})$ 是坐标 $\vec{x}$ 处的图像灰度值；$\psi_j(\vec{x})$ 是 Gabor 核函数。由下面公式可见，通过定义不同的核函数，$\psi_j(\vec{x})$ 就可以得到一组 Gabor 滤波器。二维 Gabor 小波的核函数是一个由高斯包络函数所约束的平面波，其函数形式可以表示如下：

$$\psi_j(\vec{x}) = \frac{\left\| \vec{k}_j \right\|^2}{\sigma^2} \exp\left(-\frac{\left\| \vec{k}_j \right\|^2 \left\| \vec{x}_j \right\|^2}{2\sigma^2} \right)[\exp(i\vec{k}_j\vec{x}) - \exp(-\frac{\sigma^2}{2})] \qquad (5\text{-}58)$$

$$\vec{k}_j = \begin{pmatrix} k_{jx} \\ k_{jy} \end{pmatrix} = \begin{pmatrix} k_v \cos\varphi_\mu \\ k_v \sin\varphi_\mu \end{pmatrix} \qquad (5\text{-}59)$$

在空域中，二维 Gabor 滤波器的参数 k_v、φ_μ 和 σ 分别反映了滤波器纹理的波长、纹理的方向以及高斯卷积窗口的大小。

通过以上分析可知，二维 Gabor 小波也可以解释成由二维 Gabor 滤波函数通过尺度伸缩和旋转生成的一组带通滤波器。它在空间域和频率域均有较好的分辨能力，在空间域有良好的方向选择性，而在频率域就有良好的频率选择性，通过二维 Gabor 小波变换可以提取到图像在不同频率尺度和纹理方向上的信息。

（3）角点匹配的相似性度量。从各幅滤波后的参考图像中提取各个角点处的复 Gabor 小波系数，每个角点可以得到 40 个包含幅值和相位的系数。从各幅滤波后的待匹配图像中提取各个角点处的复 Gabor 小波系数，每个角点可以得到 40 个包含幅值和相位的系数。

根据文献[44]提出的判断两个特征点之间相似性的公式（如下式所示），进行参考图像角点与待匹配图像角点的相似性度量：

$$S(J,J') = \frac{\sum_j a_j a'_j \cos(\phi_j - \phi'_j - \vec{d}k_j)}{\sqrt{\sum_j a_j^2 \sum_j a_j^{2'}}} \qquad （5\text{-}60）$$

其中，J 和 J' 分别代表参考图像和带匹配图像中的某个角点；a_j、a' 分别是角点 J 和 J' 的幅值；ϕ_j 和 ϕ' 分别是他们的相位；$\vec{d}$ 代表两个角点间的相对位移，在本算法中，取 $\vec{d} = 0$。

2．二维 Gabor 小波变换的角点匹配的改进算法[40]

二维 Gabor 小波变换的角点匹配算法利用了 Gabor 小波系数的这个优点，从多幅滤波后的图像中提取角点位置的复 Gabor 小波系数，利用特定的相似度公式计算参考图像角点与待匹配图像角点的相似性，以提取同名点对。原提出的算法对存在剪切平移或尺度变形的图像有良好表现，不足之处在于算法不具有旋转不变性。本算法在原算法的基础上对算法做了改进，舍弃了原来的角点相似度度量策略，引入了经典动态规划算法中最长公共子序列问题来比较角点之间的相似性。只提取角点的复 Gabor 小波系数中的幅值信息，为每个角点建立起一个表征该角点的幅值序列，将角点间的相似性比较转化为对角点幅值序列之间的相似性比较，且具有最大的最长公共子序列长度值的两个角点就认为是匹配的角点对。

改进算法的具体步骤如下：

（1）创建由 5 个中心频率、8 个方向组成的 40 个二维 Gabor 小波变换模板，利用这些模板对参考图像和待配准图像进行 Gabor 小波变换，两者分别得到 40 幅滤波图像。

（2）设 $P^1 = \left\{ P_1^1, P_2^1, \cdots, P_i^1, \cdots, P_m^1 \right\}$ 是参考图像中提取的角点集，m 是其角点个数；$P^2 = \left\{ P_1^2, P_2^2, \cdots, P_i^2, \cdots, P_m^2 \right\}$ 是待匹配图像中提取的角点集，n 是其角点个数。利用 Harris 角点检测方法分别检测和提取参考图像和待配准图像中的角点，得到角点位置的坐标。

（3）从参考图像的 40 幅滤波图像中提取各角点坐标处的复 Gabor 小波系数，提取其中的幅值信息，为图像中的每个角点都建立一个长度为 40 的幅值序列；从待配准图像的 40 幅滤波图像中提取各角点坐标处的复 Gabor 小波系数，提取其中的幅值信息，为图像中的每个角点都建立一个长度为 40 的幅值序列。

（4）按顺序找出待匹配图像角点集合中的某个角点幅值序列与参考图像角点集合中所有角点幅值序列的最长公共子序列。假设待匹配图像一个角点 P_j^2 的幅值序列为 $(S_1^2, S_2^2, \cdots, S_j^2, \cdots, S_{40}^2)$，而参考图像其中一个角点 P_i^1 的幅值序列为 $(S_1^1, S_2^1, \cdots, S_j^1, \cdots, S_{40}^1)$。设置一个长度与角点幅值序列等长的阈值序列 eps，若 P_j^2 的幅值序列中的某个幅值与 P_i^1 幅值序列中对应位置之间的幅值的最短距离小于 eps 中对应位置的数值时，就认为这两个幅值是相同的，

并在此基础上寻找 $(S_1^2, S_2^2, \cdots, S_j^2, \cdots, S_{40}^2)$ 与 $(S_1^1, S_2^1, \cdots, S_j^1, \cdots, S_{40}^1)$ 的最长公共子序列。将待配准图像中某角点幅值序列与参考图像中所有角点幅值序列间的最长公共子序列的长度值组成集合 S。

（5）设置另一个阈值 T，将集合 S 中的各个最长公共子序列长度值与该阈值 T 进行比较，若最长公共子序列的长度值小于该阈值，那么就删去这些值，得到更新的最长公共子序列的长度值集合 S'，$S' = \{NumS \geq T\}$，再从 S' 中找出其中的最大的最长公共子序列长度值，该最大值所对应的点对即认为是同名角点对。

（6）保持阈值不变，重复第（4）步和第（5）步，直至找出所有的同名角点对为止。

5.7　实验与比较

本小节对基于特征匹配的三类经典相似性测度函数进行了仿真比较，实验中对三种特征匹配算法检测到的特征点数目和实时性进行了比较研究。实验以Matlab R2013a为仿真平台，运行于CPU为i5-3210M 2.5GHz，内存为4GB，操作系统为Windows7的参数环境下。

本文选用lena图像作为实验对象，对lena图像进行逆时针旋转30度和添加均值为0方差为0.01的高斯噪声处理，结果如图5-16所示。Harris角点匹配算法、SIFT匹配算法、SURF匹配算法的匹配结果如图5-17至图5-19所示，各算法检测的特征点数目和匹配时间如表5-3所示。

Testimage1   Testimage2

图 5-16   测试图像
Fig.5-16   Tested images

图 5-17   基于 Harris 角点匹配算法
Fig.5-17   Algorithm based on Harris angular points

图 5-18   SIFT 匹配算法
Fig.5-18   Algorithm based on SIFT

图 5-19　SURF 匹配算法

Fig.5-19　Algorithm based on SURF

表 5-3　三种匹配算法性能比较

Tab.5-3　The performance comparison

算法类型	特征点数		匹配时间（s）
	lena1	lena2	
Harris 匹配算法	136	163	7.521332
SIFT 匹配算法	392	365	2.064705
SURF 匹配算法	297	351	0.496115

表5-3为分别用基于Harris角点的匹配算法、SIFT算法、SURF算法检测两幅图像得到的特征点数和匹配所需时间，在匹配时间上，SURF算法最好，SIFT算法次之，基于Harris特征的匹配算法最差。

本章为课题研究非常重要的组成部分，首先对相似性测度函数进行了分析研究，并对三种经典类相似性测度函数进行了仿真比较；并对基于灰度、基于特征和基于相位的三类局部匹配算法进行了详细研究；最后对基于特征匹配的三种测度函数进行了比较分析，而在局部匹配算法中，基于特征和基于相位的匹配算法的速度远高于基于灰度的匹配算法，这两类算法在跟踪系统图像匹配领域应用广泛。

参考文献

[1] 张广军. 视觉测量[M]. 北京：科学出版社, 2008:148-158.

[2] 田龙飞. 双目视觉平台跟踪人体运动目标的研究与实现[D]. 北京：北京航空航天大学, 2011.

[3] 白明，庄严，王伟. 双目立体匹配算法的研究与进展[J]. 控制与决策, 2008, 23（7）：721-729.

[4] 高宏伟. 计算机双目立体视觉[M]. 北京：电子工业出版社, 2012：95-123.

[5] 刘莹，曹剑中，许朝晖，等. 基于灰度相关的图像匹配算法的改进[J]. 应用光学, 2008，28（5）：536-540.

[6] 沈慧玲，戴本祁. 一种基于序贯相似性检测算法（SSDA）的加速算法[J]. 光电技术应用, 2006，21（4）：60-63.

[7] Blum R S, Liu Z. Multi-Sensor Image Fusion and Its Applications[M]. Boca Raton: Taylor& Francis Group, 2006.

[8] 杜杰. 两种基于灰度的快速图像匹配算法[D]. 大连：大连海事大学, 2007.

[9] 杜娟. 一种基于灰度相关的快速图像匹配算法[J]. 科学时代, 2010（21）：93-94.

[10] 胡凯，张新宇，杨锐，等. 改进的 SSDA 并行算法及其在 TEM

中的应用[J]. 北京航空航天大学学报，2009，35（10）：1224-1227.

[11] 郭建成，林青. 基于螺纹边缘图像的快速 SSDA 算法[J]. 计算机与数字工程，2009，37（3）：72-74.

[12] 杜德生，叶建平. 一种新的自适应阈值 SSDA 算法[J]. 现代电子技术，2010（6）：135-139.

[13] 陈沈轶，钱徽，吴铮，朱淼良.模板图像匹配中互相关的一种快速算法[J].传感技术学报，2010，20（6）：1325-1329.

[14] 孙卜郊，周东华.基于 NCC 的快速匹配算法[J].传感器与微系统，2007，26（9）：104-106.

[15] 陈丽芳，刘渊，须文波.改进的归一互相关法的灰度图像模板匹配方法[J].计算机工程与应用，2011，47（26）：181-183.

[16] 郭伟，赵亦工，谢振华.一种改进的红外图像归一化互相关匹配算法[J].光子学报，2009，38（1）：189-193.

[17] 钱成越.基于图像噪声检测的 Harris 角点提取方法[J].电脑编程技巧与维护，2010（17）：76-78.

[18] 卢瑜，郝兴文，王永俊.Moravec 和 Harris 角点检测方法比较研究[J].计算机技术与发展，2011，21（6）：95-97.

[19] HARRIS C, STEPHENS M. A Combined Corner and Edge Detector[C]. //Proc of the 4th Alvey Vision Conference, 1988：189-192.

[20] 高一宁，韩燮.双目视觉中立体匹配算法的研究与比较[J].电子测试，2011（1）：14-17.

[21] 李冬梅，王延杰.一种基于特征点匹配的图像拼接技术[J].微计算机信息，2008，24（5-3）：296-298.

[22] 龚平，刘相滨，周鹏.一种改进的 Harris 角点检测算法[J].计算机工程与应用，2010，46（11）：173-175.

[23] DAVID G.LOWE. Object recognition from local scale-invariant feature[C]. //IJCV, Corfu, Greece, 1999: 1150-1157.

[24] DAVID G.LOWE. Distinctive Image Features from Scale-Invariant Key point[J]. IJCV, 2004, 60 (2): 91-110.

[25] 刘立，彭复员，赵坤，等.采用简化 SIFT 算法实现快速图像匹配[J].红外与激光工程，2008，37（1）：181-184.

[26] 张春美，龚志辉，孙雷.改进的 SIFT 特征在图像匹配中的应用[J].计算机工程与应用，2008，44（2）：95-97.

[27] 张锐娟，张建奇，杨翠.基于 SUFT 的图像配准方法研究[J].红外与激光工程，2009，38（1）：160-165.

[28] 王洪，稽晓强，戴明，韩松伟. 一种改进的快速鲁棒性特征匹配算法[J].红外与激光工程，2012，41（3）：811-817.

[29] 赵峰，黄庆明，高文.一种基于奇异值分解的图像匹配算法[J].计算机研究与发展，2010，47（1）：23-32.

[30] 曹娟，赵旭阳，米文鹏，等.简化的 SIFT 算法在双目立体视觉中的应用[J].计算机与网络，2011（11）：70-72.

[31] 黄帅，吴克伟，苏菱.基于 Harris 尺度不变特征的图像匹配方法[J].合肥工业大学学报，2011，34（3）：379-382.

[32] 程邦胜，唐孝威.Harris 尺度不变性关键点检测子的研究[J].浙江大学学报，2009，43（5）：855-859.

[33] 赵宏伟，刘宇琦，程禹，等.基于相位相关的图像匹配算法[J].吉林大学学报，2011，41（增刊 1）：183-188.

[34] 严江江，丁明跃，周成平.一种基于对数极坐标变换的快速目

标识别算法[J].智能系统学报，2008，3（4）：370-376.

[35] 冯月霞.用 TMS320C50 实现图像目标的形心捕获[J].光子学报，2011，4（4）：455-456.

[36] 李刘林，沈海滨，潘辉.细化参数的对数极坐标变换图像纹理特征提取算法[J].浙江大学学报，2009，36（2）：162-215.

[37] 范新南,朱佳媛.基于小波变换的快速图像匹配算法与实现[J].计算机工程与设计，2009，30（20）：4674-4676.

[38] HUMBLOT F, COLLINB, MOHAMMAD-DJAFARI A. Evaluation and practical issues of sub pixel image registration using phase correlation methods[M]. Toulouse: PSIP, 2005:115-120.

[39] WANG HAI-HUI, PENG J-XIONG. A fusion algorithm of remote sensing image based on discrete wavelet packet[C]. //MLC, 2003:2557-2562.

[40] 周德龙，刘迎，吴巾一.基于二维 Gabor 小波变换的角点匹配算法[J].计算机工程与科学，2011，33（12）：61-65.

[41] 徐奕，周军，周源华.基于小波及动态规划的相位匹配.上海交通大学学报，2003，37（3）：388-392.

[42] 刘佳嘉，何小海，陈为龙.种结合小波变换的 SIFT 特征图像匹配算法[J].计算机仿真，2011，28（1）：257-335.

[43] 王刚，刘智，王番，杨磊.基于小波变换和 SIFT 算法的航空影像快速匹配[J].测绘信息与工程，2011，36（3）：5-10.

[44] LEE T S. Image Representation Using 2D Gabor wavelets[J]. IEEE Transactions on Pattern Analysis and Machine Intelligence, 1996, 18(10): 959-971.

第6章 双目视觉系统实践

6.1 引言

双目视觉是计算机视觉的一个重要分支，它由不同位置的两台摄像机或其中一台摄像机经过移动、旋转拍摄同一幅场景，获取在不同视觉下的感知图像。单个摄像机的视野范围有限，难以获得目标的深度等关键信息。双目视觉可以直接模仿人眼与人类视觉的感知过程，通过计算空间点的两幅图像中的视差，获取该点的三维坐标值，为目标匹配、跟踪及三维重建等应用起到关键作用。近年来，微处理器和集成电子技术的飞速发展，双目视觉成为计算机研究领域的核心和热点之一。

本实验室研发的双目视觉系统实现对运动目标的连续跟踪，并能够把运动目标位置信息反馈到云台控制器，这样使得摄像头在云台的控制下实时捕捉到运动目标；其次，通过对摄像头的标定及引入目标匹配，较高精度地实现对目标物体深度信息提取。

6.2 双目视觉系统组成概要

6.2.1 系统硬件组成

本实验室研发的双目视觉系统如图 6-1 所示，在图 6-2 中列出了几种主要的部件近景图：

图 6-1　双目视觉系统组成

Fig.6-1　The Components of Binocular Vision system

由图 6-1 知道此系统大概由以下几部分组成：数字摄像头、云台、计算机及云台控制器。各部分参数如下表所示：

表 6-1　硬件组成列表

Tab.6-1　Hardware components list

组成部件	数量	型号及参数
数字摄像头	2	动态像素：500MP；动态分辨率：1024×768；帧率：30f/s
云台	1	型号：Hjy PT1030，具有两个自由度
主计算机	1	内存大于等于2G
云台控制器	1	兼容型号为 Hjy PT10302 云台，实时反馈云台旋转角度

（a）　　　　　　　（b）　　　　　　　（c）

图 6-2　（a）云台；（b）云台控制器；（c）数字摄像头

Fig.6-2　（a）Cradle head;（b）Motion Controller;（c）Digital Camera components

6.2.2 双目视觉系统的基本体系结构

双目视觉系统一般结构体系如图 6-3 所示，特此申明，本实验研发的双目视觉系统为平行双目视觉跟踪系统，其不同之处在于两个数字摄像头固定在同一个支架上，由一个云台控制，图 6-3 所示为每一个摄像头分别由一个云台控制，具有相对独立性。

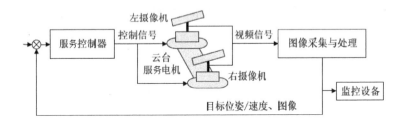

图 6-3　双目视觉系统体系结构

Fig.6-3　Binocular Vision system Architecture

下面提到的双目视觉系统均为平行双目系统。其大致工作原理为：首先，系统完成初始化，使得计算机与云台控制器间实现实时通信；接下来系统开始工作，当某一运动物体进入摄像头捕捉视野范围，则实现对该运动目标物体跟踪，提取其相应信息，并把其返回计算机处理，计算机控制器再控制相应设备工作。比如此双目视觉系统中：（1）计算机通过对运动目标物体位置信息提取，反馈给云台控制器，使得云台控制器控制云台运动，使得运动目标始终在摄像头视野范围内；（2）把左右摄像头捕捉到的同一目标信息进行匹配，获得运动目标物体的深度信息。

6.3 双目视觉系统各部分功能实现

本实验室双目视觉系统功能实现可分为以下四个部分：云台控制系统、目标跟踪系统、目标匹配及深度信息获取。值得注意的是在实际工作中每一部分又是相互协同运行的，比如目标跟踪系统需要在云台控制系统的配合下才得以实现。要获取运动目标的深度信息，首先需要在准确跟踪目标的前提下，通过目标匹配，计算出左右摄像头的视差。

6.3.1 云台控制系统

前面已经提到，在此双目视觉系统运行前，要先完成系统的初始化，建立云台控制器与计算机之间的通信。在整个系统运作过程中，云台控制器控制云台转动，进而使得固定在云台上的摄像头也跟着转动，基本上保证摄像头正对着运动的目标物体。由于此系统平台为平行双目跟踪系统，而且两个摄像头距离比较近（一般 15 厘米），再者所被跟踪的物体到摄像头的距离远远大于两摄像头之间的距离，只需要其中一个摄像头捕捉到的物体位置信息即可实现对云台的控制。

一般说来，在双目视觉系统中实现对运动目标物体的位置定位机理如图 6-4 所示，基于此原理，当运动目标物体进入摄像头视野范围后，如果成功被检测跟踪，则把该运动目标的位置信息传给计算机进行处理，计算机根据事先设置好的判决规则（如图 6-5）给出，把指令发送给云台控制器，此时云台根据云台控制器的指令做出相应的旋转，完成对运动目标物体的成功锁定。

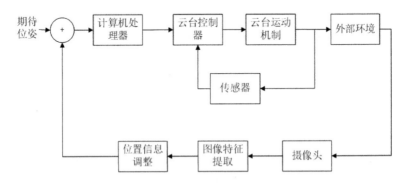

图 6-4　运动目标位置定位机制

Fig.6-4　Position based mechanism

本次实验过程中应用基于颜色特征信息的 Camshift 跟踪方法，在成功捕捉到特定的运动目标后同时得到目标物体的位置信息（其在视频显示画面中的坐标：X 方向和 Y 方向），由于视频显示画面所在区域的坐标已知，为了让摄像头成功锁定运动目标，即保证运动物体始终在视频显示画面中，所以在视频显示画面中设置一个区域如图 6-5 所示，只要运动的目标物体进入该区域则计算机把相应指令发给云台控制器，调整摄像头的旋转。

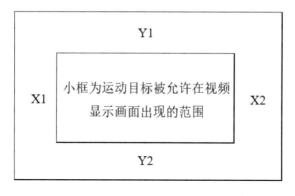

图 6-5　云台控制器判决规则

Fig.6-5　The judgement of PTZ controller

其中，X_1 表示视频显示画面左边界坐标值，X_2 表示视频显示画面右边界坐标值；相应的 Y_1 和 Y_2 分别表示视频显示画面上边界和下边界的坐标值。x 和 y 分别为运动目标物体的水平、垂直坐标信息。

具体判决规则如下：

当运动目标物体处于图 6-5 所示小框范围内，摄像头不做转动，当出现以下四种情形，云台带动摄像头做出相应旋转，实现目标物体锁定。

（1）当 $x < X_1$ 时，云台水平向左旋转至目标物体处于小框范围内；

（2）当 $x > X_1$ 时，云台水平向右旋转至目标物体处于小框范围内；

（3）当 $y < Y_1$ 时，云台向上旋转至目标物体处于小框范围内；

（4）当 $y > Y_1$ 时，云台向下旋转至目标物体处于小框范围内。

6.3.2 运动物体跟踪系统

对运动目标准确的实时跟踪是双目视觉系统的核心部分，因为后续工作正是基于跟踪部分的完善。一个稳定准确的跟踪策略为云台控制部分，深度信息提取及常规的安防监控功能奠定坚实基础。在研究比较诸多跟踪算法的基础上，本次实验系统应用基于颜色特征信息的 Camshift 跟踪算法，达到了较好的跟踪效果，特别在出现局部遮挡的情况下优势尤为突出。

Camshift 跟踪算法在 Meanshift 算法基础上改进的，Camshift 利用目标的颜色直方图模型将图像转换为颜色概率分布图，初始化一个搜索窗的大小和位置，并根据上一帧得到的结果自适应调整搜索窗口的位置和大小，从而定位出当前图像中目标的中心位置，其基本过程如下：

（1）将整个视频显示范围设置为搜索区域；

（2）初始化 Meanshift 搜索窗口的大小和位置，一般情况下需要手动选定特定的跟踪目标对象；

（3）目标物体的颜色特征信息被选为跟踪对象，计算目标物体位于 Meanshift 搜索窗口内的颜色概率分布；

（4）应用 Meanshift 迭代算法确定概率图像的几何中心；

（5）在下一帧视频图像中，把步骤（4）计算得到的目标物体几何中心选为新的搜索窗口的中心，然后返回步骤（3）和（4），得到新的运动目标位置信息实现连续跟踪。

下面图（a）和图（b）正是在 Camshift 跟踪算法基础上，实现双目视觉系统对运动目标的跟踪。

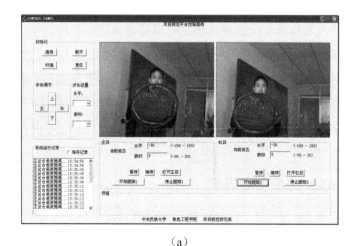

（a）

（b）

图 6-6　双目视觉系统

Fig.6-6　Binocular Vision system

Camshift 跟踪算法对颜色信息较为强烈的运动目标物体具有良好的跟踪效果，在此次实验过程中，以红色目标物体作为跟踪对象，在实验人员走动的前提下带动目标物体运动。图（a）中，左右两个摄像头准确捕捉到运动目标，用近似椭圆的红圈标出，当实验人员移动时，摄像头仍然可以准确地锁定目标物体，可以看到在"当前姿态"显示一栏，"水平"和"俯仰"即为云台旋转信息的实时显示，正是由于云台的转动使得摄像头始终能捕捉到目标物体。在图（b）中，当运动的目标物体距离摄像头较远时，仍然能准确地跟踪运动目标的位置，而且云台旋转信息同样也在变化。

6.3.3 深度信息提取

此小节内容分为两部分：第一部分为深度信息基本原理介绍，第二部分为本实验系统中的摄像头标定过程简介。

第一部分：

深度信息的获取是本实验系统的主要功能之一，其基本原理为双目测距原理（原理示意图如图 6-7 所示）。

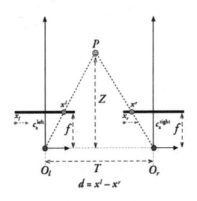

图 6-7　深度信息原理图

Fig.6-7　The principal of Depth information

其中 f 为主距，T 表示两摄像头各自中心点之间的距离，在安装摄像头时已固定，x^l 和 x^r 分别表示物体光学反射到左右视频图像的交点。由相似三角形原理得到下式：

$$\frac{T-(x^l-x^r)}{Z-f}=\frac{T}{Z} \Rightarrow Z=\frac{fT}{x^l-x^r}$$

因为主距 f 和 T 已知，求取深度信息 Z 实际上只需要求出 $d=x^l-x^r$。d 的求解即为同一目标物体在左右摄像头视频显示中横坐标的差。

第二部分：

摄像头的标定原理在第二章中有详细讲解，这里介绍常用的基于 Matlab 的棋盘标定法。

（1）把 Matlab 工具箱复制到相应目录下，所要标定的棋盘图也复制到.m 文件所在目录下。然后在 Matlab 行命令窗口中输入 cal_gui，选择 Standard 项后出现如下窗口：

（2）由于双目视觉系统需要分别对两个摄像头进行标定，然而二者标定完全一致，所以这里以其中一个摄像头（这里选择右摄像头）的标定为例说明。点击 Image names，命令行窗口会提示你输入图片的 basename 以及图片的格式，如下图所示：

```
Basename camera calibration images (without number nor suffix): right
Image format: ([]='r'='ras', 'b'='bmp', 't'='tif', 'p'='pgm', 'j'='jpg', 'm'='ppm') j
Loading image 1...2...3...4...5...6...7...8...9...10...
done
>>
```

这里以标定右摄像头为例，输入"right"，图片格式为"jpg"，则输入"j"即可。下图为实验中用到的棋盘图：

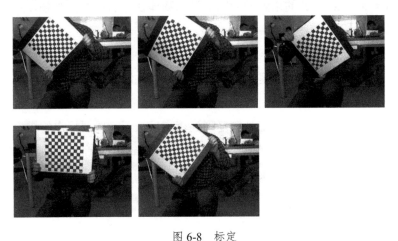

图 6-8　标定

Fig.6-8　Calibration

在此次摄像头标定过程中，选取了五幅棋盘图进行标定，值得注意的是在获取棋盘图的过程中，需不断转动标定板的位置，这样不同角度的棋盘图才能够包含丰富的空间位置信息。在条件允许的情况下，也可以增加棋盘图的数量以到达更高的标定精度。

（3）返回主控制界面，点击"Extract grid corners"，提取每一幅图像的角点。点击完后，命令行会出现如下提示，主要是设置棋盘角点搜索窗口的大小，一般来说窗口可以设置为稍大一点。

其余选项只要按回车键选择默认设置即可。这里需要说明的是本实验中使用的棋盘方格边长为 20mm，根据提示输入 20，否则会影响标定结果。

（4）角点提取，按照一定的顺序标出棋盘最边上的角点，本实验中每一边均选取十个方格。如下图所示：

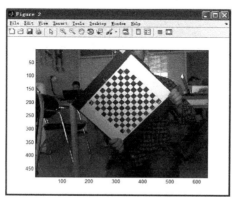

图 6-9　标定

Fig.6-9　Calibration

上图即为按照逆时针的顺序依次标出棋盘图四个边缘的方格。完成该步骤后点击回车键，程序自动完成所选矩形区域范围内的棋盘图所有角点提取，如下图所示：

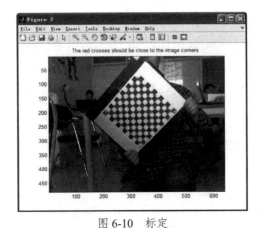

图 6-10　标定

Fig.6-10　Calibration

（5）按照同样的方法依次完成余下棋盘图的标定，最后点击按钮"Calibration"，完成多次 Calibration 迭代，程序会自动得到摄像头的内外参数。如下所示：

```
Calibration results after optimization (with uncertainties):

Focal Length:      fc = [ 827.16255    826.98935 ] ?[ 8.66335    8.54651 ]
Principal point:   cc = [ 341.20701    218.32537 ] ?[ 16.91587    12.22932 ]
Skew:         alpha_c = [ 0.00000 ] ?[ 0.00000 ]   => angle of pixel axes = 90.00000 ?0.00000 degrees
Distortion:        kc = [ -0.21400    0.68496    -0.01231    0.00586    0.00000 ] ?[ 0.07184    0.78374    0.00366    0.0
Pixel error:      err = [ 0.26425    0.31865 ]

Note: The numerical errors are approximately three times the standard deviations (for reference).
```

接着点击"Show Extrinsic"验证标定结果准确无误后，再点击"Save"按钮，程序自动把结果保存在 Calib_Result.mat 文件里，为了区别接下来标定过程完全一致的左摄像头，把右摄像头的标定结果重新命名为"right.mat"，则左摄像头的标定结果为"left.mat"。

6.3.4 深度信息获取实验结果展示

在完成摄像头标定工作后，打开本实验系统工作平台，点击"矫正"按钮实现双目摄像头地标定矫正，接着点击"开始跟踪1"和"开始跟踪2"完成对运动目标物体的跟踪。在工作台底部"深度信息"显示对话框中实时显示当前目标物体距离双目摄像头中心的距离——深度信息。如下图（a）、图（b）、图（c）分别给出了运动目标物体在不同空间位置的深度信息图。

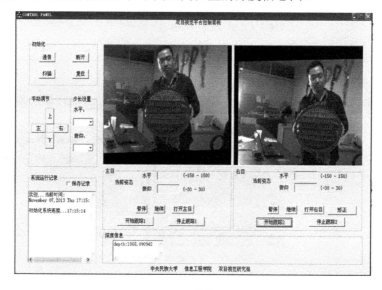

（a）

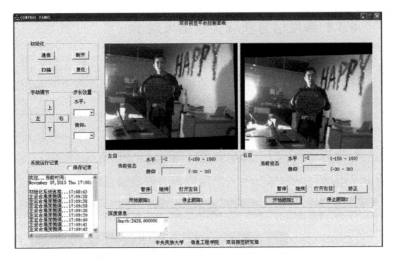

（b）

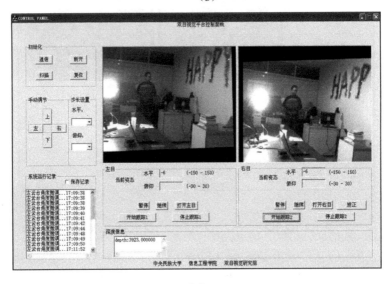

（c）

图 6-11　实验结果

Fig.6-11　Experimental Results

由实验结果得：

表 6-2　深度信息测量结果

Tab.6-2　The result of depth information

实验结果	测量值（单位：毫米）	实际距离（单位：毫米）
图（a）	1868	2000
图（b）	2478	2500
图（c）	3923	4000

由表 6-2 所示，实验中深度信息的测量值与实际值存在一定误差，其正确率可达 90%以上，能够有效地满足安防监控等领域的应用。

6.4　分析与讨论

6.4.1　分析

双目视觉系统在越来越多的领域得到广泛应用，如国防、人工智能、安全监控、航空航天等领域。双目视觉平台将随着应用领域的深入不断地改进，比如本实验室研发的是基于平行双目视觉平台，以后的一个发展方向为多摄像头（两个摄像头以上），同时每一个摄像头都各自由一个云台控制器控制转动，建立多摄像头接力机制，使得各个摄像头之间相互协调工作，达到较高的智能性。

在目标跟踪方面也是一个影响系统整体性能的因素，在传统的诸多跟踪算法中，本次实验应用的是基于颜色特征信息的

Camshift 算法，虽然可以满足一般的运动目标物体的跟踪，但是在背景与所跟踪物体颜色特征较为接近的情形下容易跟踪失败。近年来数据压缩理论得到较快发展，一种基于稀疏表示的跟踪策略被科研人员提出，这样不仅可以提高算法的实时性，而且具有更高的鲁棒性，为接下来的目标匹配和物体深度信息的提取打下了很好的基础。

6.4.2 讨论

1．基于多目协调的目标跟踪算法

当运动目标出现遮挡或者暂时消失时，基于单个摄像机的运动目标跟踪算法将丢失运动目标，因此研究多目协调的目标跟踪算法[1-6]将有效解决这一问题，同时随着海量摄像机的部署，多目协调的目标跟踪算法也逐渐成为研究的热点，如Chen等人基于双目视觉，研究了多目标跟踪的任务调度算法。Yao通过闭环反馈及流行的分布式Kalman滤波技术，实现两个摄像机的协同跟踪。但如何解决多摄像机的目标对应问题，如果不同摄像机中同时出现了多个运动目标，各个摄像机之间如何协调等问题，均是多目摄像机跟踪面临的严峻挑战。

2．基于稀疏表示的目标跟踪算法

由于运动目标所处环境较为复杂，摄像机采集到的视频图像序列可能受到各种干扰条件的影响。同时连续图像序列中存在大量冗余成分，如何提取运动目标最具代表实质信息的内容是当前复杂环境条件下运动目标跟踪的关注点。稀疏表示[6-10]的思想是在一个足够大的训练样本空间内，对于同一类别的物体，可大致由训练样本中同类样本子空间线性表示，因此在当该物体由整个样本空间表示时，其表示的系数是稀疏的。这是稀疏表示思想最重要的一个假设，也是之后进一步分析的基础。Zhang[7]等将稀疏表示在目标追踪中的应用分为两类，一类是基于稀疏编码的目标建模，另一类是基于稀疏表示的目标搜索。前者将待追踪的目标进行分块，然后用这些块对目标进行稀疏表示，得到的系数为目标的稀疏编码。后者构造一个超字典集，字典集中可以包括目标、背景、噪声块图，使用超字典集来对目标进行稀疏表示。Zhong[8]等人将设计的基于稀疏的分类器和基于稀疏的产生模型应用到运动目标跟踪中，提高了跟踪算法的鲁棒性。基于稀疏表达的运动目标跟踪算法中凭借其良好的数学基础理论模型，在提高算法鲁棒性方面获得了较好的性能，但由于涉及字典的建立，查找等过程，采用了诸如粒子滤波等优化算法，计算复杂度较高，对实时性的要求带来了一定的挑战。同时，随着深度学习[11]（Deep Learning）在图像处理中的广泛应用和获得良好性能，将深度学习和稀疏表示进行有效结合，设计新的目标跟踪算法也是值得研究的课题。

参考文献

[1] 谭民，王硕.机器人技术研究进展[J].自动化学报，2013，39(7): 963-972.

[2] TAN M, WANG S. Research progress on robotics[J]. Acta Automatica Sinica, 2013, 39(7): 963-972. (In Chinese)

[3] CHEN C H, YAO Y, PAGE D, et al. Heterogeneous fusion of

omnidirectional and PTZ cameras for multiple object tracking[J]. IEEE Trans on Circuits and Systems for Video Technology, 2008,18(8):1052-1063.

[4] YAO Y, ABIDI B, ABIDI M. Fusion of omnidirectional and PTZ cameras for accurate cooperative tracking[C]. //AVSS'06. IEEE International Conference on. IEEE, 2006: 46.

[5] ZHANG H, TANG S, LI X Y, et al. Tracking and identifying burglar using collaborative sensor-camera networks[C]. //INFOCOM'12. 2012: 2596-2600.

[6] ZHOU X, LI Y F, HE B. Game-theoretical occlusion handling for multi-target visual tracking[J]. Pattern Recognition, 2013, 46(10):2670–2684.

[7] SONG M, TAO D, MAYBANK S J. Sparse camera network for visual surveillance-a comprehensive survey[J]. arXiv preprint arXiv: 1302. 0446, 2013.

[8] 姜明新，王洪玉，刘晓凯.基于多相机的多目标跟踪算法[J]. 自动化学报，2012，38（4）：496-506.

[9] ZHANG S, YAO H, SUN X, et al. Sparse coding based visual tracking: Review and experimental comparison[J]. Pattern Recognition. 2013,46(7):1772-1788.

[10] ZHONG W, LU H, YANG M H. Robust object tracking via sparsity-based collaborative model[C]. //CVPR'12, 2012: 1838-1845.

[11] LI X, SHEN C, SHI Q, et al. Non-sparse linear representations for visual tracking with online reservoir metric learning[C].

//CVPR'12,2012:1760-1767.

[12] CHEN F, YU H, HU R, et al. Deep learning shape priors for object segmentation[C]. //CVPR'13,2013:1870-1877.